高等学校电子信息类"十三五"规划教材

数据库技术与应用教程

(Access2010)

主　编　冯寿鹏

副主编　朱　敏　袁春霞

西安电子科技大学出版社

内 容 简 介

　　本书以数据库技术应用为主线，以 Access2010 为数据库系统开发平台，以解决实际问题为目标，围绕管理信息系统的设计，比较详细地介绍了数据库系统基础知识、数据库与表、查询、窗体、报表、宏、VBA、Web 数据访问等知识，并给出了教学管理系统实例。全书对重要知识点均配有实例，且语言通俗易懂，课后习题与教学内容相辅相成，注重可接受性和再现性。

　　本书可作为高等学校相关专业的教材，也可作为 Access2010 初学者的自学用书。

图书在版编目(CIP)数据

　　数据库技术与应用教程：Access 2010/冯寿鹏主编.

—西安：西安电子科技大学出版社，2016.2

高等学校电子信息类"十三五"规划教材

ISBN 978–7–5606–3981–9

Ⅰ. ① 数…　Ⅱ. ① 冯…　Ⅲ. ① 关系数据库系统—高等学校—教材

Ⅳ. ① TP311.138

中国版本图书馆 CIP 数据核字(2016)第 016890 号

策　　划	成　毅	
责任编辑	马武装　孙美菊	
出版发行	西安电子科技大学出版社（西安市太白南路 2 号）	
电　　话	(029)88242885　88201467	邮　编　710071
网　　址	www.xduph.com	电子邮箱　xdupfxb001@163.com
经　　销	新华书店	
印刷单位	陕西华沐印刷科技有限责任公司	
版　　次	2016 年 2 月第 1 版　2016 年 2 月第 1 次印刷	
开　　本	787 毫米×1092 毫米　1/16　印张 15	
字　　数	353 千字	
印　　数	1～3000 册	
定　　价	26.00 元	

ISBN 978 – 7 – 5606 – 3981 – 9 / TP

XDUP 4273001–1

＊＊＊ 如有印装问题可调换 ＊＊＊

前　　言

随着科学技术的发展，当今社会已进入了信息时代。作为信息技术的核心，数据库是信息工程学科中最重要的工具之一。管理信息系统(MIS)、办公自动化(OA)和决策支持系统(DSS)等都离不开数据库技术的支持。掌握数据库技术、具有计算机应用能力是国家和军队信息化建设对人才的基本要求。

作为一种数据处理的工具软件，Access2010 具有强大的功能、丰富的设计工具、灵活的开发手段、友好的操作界面、简洁的数据存储方式、良好的兼容性与可编译性，是目前较为可靠的数据库管理系统。Access2010 提供的界面直观，易学易用，不需要记忆具体的命令，即使英文基础薄弱的人，也能够迅速掌握其使用方法。

本书内容经过精心编排，各部分之间既相互联系又相对独立。本书从应用角度出发，通过多个实例介绍了数据库基本原理与基本概念、数据库系统的组成以及数据库系统的设计过程，理论联系实际。读者通过阅读本书，再结合上机操作练习就能够在较短的时间内掌握 Access2010 及其应用。书中的所有实例均在 Access2010 集成开发环境下测试通过。

冯寿鹏担任本书主编，朱敏和袁春霞担任副主编，王若莹、李忍东、周正康、郝丽和王改梅等也参与了本书内容的编写工作，姜晨等做了大量的文字校对工作。在本书的编写过程中得到了西安通信学院各级领导和软件应用教研室全体人员的大力支持和帮助，在此表示衷心的感谢。

由于编者水平有限，书中难免有不当之处，敬请各位读者批评指正。

编　者

2015 年 10 月

目　录

第 1 章　数据库系统导论

问题：

  1. 什么是数据？什么是信息？数据和信息的关系是什么？

  2. 数据库是什么？由哪些部分组成？

  3. 关系数据库具有什么特点？

  数据库系统(DataBase System)是指引进了数据库技术的计算机系统。数据库技术是从 20 世纪 60 年代末开始逐步发展起来的计算机软件技术。数据库技术的产生推动了计算机在各行各业信息管理中的应用。学习 Access2010 就是要学习如何利用计算机完成对大量数据的组织、存储、维护和处理，从而方便、准确和迅速地获取有价值的数据，为各种决策活动提供依据。要学习和使用 Access2010，必须了解和掌握数据库的相关基础知识。

1.1　数据、信息和数据处理

  数据库管理系统是处理数据的有效手段，因此首先需要了解数据、信息和数据处理的概念以及计算机数据管理技术的发展历程。

1.1.1　数据和信息

  数据和信息是数据处理中的两个基本概念，有时可以混用，如平时提到的数据处理就是信息处理，但有时必须分清。

1. 数据

  数据(data)是指存储在某种媒体上能够被识别的物理符号。数据的概念包含两方面的内容：一是描述事物特性的数据内容；二是存储在某一种媒体上的数据形式。在实际应用中，数据的形式较多，如表示成绩、工资的数值型数据，表示姓名、职称的字符型数据，以及表示图形、图像、声音等的多媒体数据等。

2. 信息

  信息(information)是对客观事物属性的反映。通俗地讲，信息是经过加工处理并对人类社会实践和生产活动产生决策影响的数据。不经过加工处理的数据只是一种原始材料，对人类活动产生不了太大作用，它的价值仅在于记录了客观世界的事实。只有经过提炼和加工，原始数据才会发生质的变化，给人们以新的知识。

3. 数据和信息的关系

  数据和信息既有区别又有联系。数据是表示信息的，但并非任何数据都是信息。信息是有用的数据，数据是信息的具体表现形式。信息是通过数据符号来传播的，数据如不具有知识性和有用性则不能称其为信息。因此，数据与信息的关系是一种原材料与成品之间的关系，如图 1.1 所示。

图 1.1 数据与信息的关系

1.1.2 数据处理

数据处理也称为信息处理。所谓数据处理，实际上就是利用计算机对各种类型的数据进行处理，包括对数据的采集、整理、存储、分类、排序、检索、维护、加工、统计和传输等一系列操作。数据处理的目的是从大量的、原始的数据中获得所需要的资料并提取有用的数据成分作为行为和决策的依据。

1.1.3 数据管理技术的发展过程

随着计算机硬件、软件技术和计算机应用的发展，数据管理技术经历了由低级到高级的发展过程，大体包括人工管理、文件系统、数据库系统、分布式数据库系统和面向对象数据库系统等几个发展阶段。

1. 人工管理阶段

20 世纪 50 年代中期以前，计算机主要用于科学计算。在硬件方面，外存储器只有卡片、纸带、磁带，没有像磁盘这样可以随机访问、直接存取的外部存储设备；在软件方面，没有专门管理数据的软件，数据由计算或处理它的程序自行携带。数据管理任务(包括存储结构、存取方法、输入/输出方式等)完全由程序设计人员自行负责。

人工管理阶段数据管理技术的特点如下：

(1) 数据与程序不具有独立性，一组数据对应一组程序。

(2) 数据不能长期保存，程序运行结束后就退出计算机系统，一个程序中的数据无法被其他程序利用。因此，程序与程序之间存在大量的重复数据，这些重复数据称为数据冗余。

2. 文件系统阶段

20 世纪 50 年代后期至 60 年代中后期，计算机开始大量地用于管理中的数据处理工作。大量的数据存储、检索和维护成为紧迫的需求。在硬件方面，可直接存取的磁盘成为联机的主要外存；在软件方面，出现了高级语言和操作系统。操作系统中的文件系统是专门管理外存储器数据的管理软件。

文件系统阶段数据管理技术的特点如下：

(1) 程序与数据有了一定的独立性，程序和数据分开存储，有了程序文件和数据文件的区别。

(2) 数据文件可以长期保存在外存储器上，可以被多次存取。

(3) 在文件系统的支持下，程序可以按文件名访问数据文件。

然而，文件系统中的数据文件是为了满足特定业务领域或某部门的专门需要而设计的，服务于某一特定的应用程序，数据和程序相互依赖。因此，同一数据项可能重复出现在多个文件中，导致数据冗余度大。

3. 数据库系统阶段

从 20 世纪 60 年代后期开始，需要计算机管理的数据量急剧增长，并且对数据共享的需求日益增强，文件系统的数据管理方法已无法适应开发应用系统的需要。为了更为有效地管理和存取大量的数据资源，实现计算机对数据的统一管理，达到数据共享的目的，人们发展了数据库技术。

数据库系统阶段数据管理技术的特点如下：

(1) 提高了数据的共享性，使多个用户能够同时访问数据库中的数据。

(2) 减小了数据的冗余度，使数据的一致性和完整性得以提高。

(3) 增强了数据与应用程序的独立性，从而减少了应用程序的开发和维护代价。

4. 分布式数据库系统阶段

数据库技术与网络技术的结合产生了分布式数据库系统。20 世纪 70 年代之前，数据库系统多数是集中式的。网络技术的发展为数据库提供了分布式运行环境，使其从主机/终端体系结构发展到客户机/服务器(Client/Server，C/S)系统结构。

C/S 结构将应用程序根据应用情况分布到客户的计算机和服务器上，将数据库管理系统和数据库放置到服务器上，客户端的程序使用开放数据库连接(Open DataBase Connectivity，ODBC)标准协议，通过网络远程访问数据库。

Access2010 为创建功能强大的客户机/服务器应用程序提供了专用工具。客户机/服务器应用程序具有本地(客户)用户界面，但访问的是远程服务器上的数据。

5. 面向对象数据库系统阶段

数据库技术与面向对象程序设计技术的结合产生了面向对象数据库系统。面向对象数据库吸收了面向对象程序设计方法的核心概念和基本思想，采用面向对象的观点描述现实世界中的实体，克服了传统数据库的局限性，大大提高了数据库管理效率，降低了用户使用的复杂度。

Access2010 在用户界面、程序设计等方面对传统关系型数据库系统进行了较好的扩充，提供了面向对象程序设计的强大功能。

1.2　数据库系统

数据库系统是一个复杂的系统，它由硬件系统、数据库集合、数据库管理系统及相关软件、数据库管理员和用户组成。

1.2.1　数据库

数据库(DataBase，DB)是指相互关联的数据集合。它是一组长期存储在计算机内的有组织、可共享、具有明确意义的数据集合。数据库可以人工建立、维护和使用，也可以通过计算机建立、维护和使用。

数据库具有以下特点：

(1) 它是具有逻辑关系和确定意义的数据集合。数据库中的数据按一定的数据模型组织、描述和储存，具有较小的冗余度、较高的数据独立性，可为各种用户共享。

(2) 针对明确的应用目标而设计、建立和加载。

(3) 表现现实世界的某些方面。

1.2.2　数据库管理系统

数据库管理系统(DataBase Management System，DBMS)是指能够对数据库进行有效管理的一组计算机程序。它是位于用户与操作系统之间的一个数据管理软件，是一个通用的软件系统。数据库管理系统在系统层次结构中的位置如图 1.2 所示。

数据库管理系统通常由三个部分组成：数据描述语言(DDL)及其编译程序、数据操纵语言(DML)或查询语言及其编译或解释程序、数据库管理例行程序。数据库管理系统主要给用户提供一个软件环境，允许用户快速方便地建立、维护、检索、存取和处理数据库中的信息。

图 1.2　数据库系统层次示意图

1.2.3　数据库系统

数据库系统(DataBase System，DBS)是指引进数据库技术后的计算机系统，能够实现大量相关数据有组织的、动态的存储，提供数据处理和信息资源共享的便利手段。它是系统开发人员利用数据库系统资源开发的面向某一类实际应用的软件系统，如学生教学管理系统、财务管理系统、人事管理系统、图书管理系统、生产管理系统等。

数据库系统由 5 部分组成：硬件系统、数据库集合、数据库管理系统及相关软件、数据库管理员(DataBase Administrator，DBA)和用户。

数据库系统的主要特点如下：

(1) 实现数据共享，减少数据冗余。在数据库系统中，对数据的定义和描述已经从应用程序中分离出来，通过数据库管理系统来统一管理。数据的最小访问单位是字段，既可以按字段的名称存取数据库中某一个或某一组字段，也可以存取一条记录或一组记录。

(2) 采用特定的数据模型。数据库中的数据是有结构的，这种结构由数据库管理系统所支持的数据模型表现出来。数据库系统不仅可以表示事物内部数据项之间的联系，而且可以表示事物与事物之间的联系，从而反映出现实世界事物之间的联系。

(3) 具有较高的数据独立性。在数据库系统中，数据库管理系统(DBMS)提供映像功能，使得应用程序在数据的总体逻辑结构和物理存储结构之间有较高的独立性。

(4) 有统一的数据控制功能。数据库可以被多个用户或应用程序共享，数据的存取往往是并发的，即多个用户同时使用同一个数据库。数据库管理系统必须提供必要的数据控制功能，包括并发访问控制功能、数据的安全性控制功能和数据的完整性控制功能。

1.3 实体与实体间联系

现实世界存在各种事物，事物与事物之间存在着联系，这种联系是客观存在的，是由事物本身的性质决定的。例如，图书馆中有图书和读者，读者借阅图书；学校的教学系统中有教师、学生、课程，教师为学生授课，学生选修课程并取得成绩；在物资或商业部门有货物和客户，客户要订货、购物；等等。

1.3.1 实体

客观存在并相互区别的事物称为实体。实体可以是实际的事物，也可以是抽象的事物。例如，学生、课程、读者等都是实际的事物；学生选课、借阅图书等都是比较抽象的事物。

描述实体的特性称为属性。例如，学生实体用学号、姓名、性别、出生年份、系、入学时间等属性来描述；图书实体用总编号、分类号、书名、作者、单价等多个属性来描述。

1.3.2 实体间联系及种类

实体之间的对应关系称为联系，它反映了现实世界事物之间的相互关联。例如，一个学生可以选修多门课程，同一门课程可以由多名教师讲授。

实体间联系的种类是指一个实体型中可能出现的每一个实体与另一个实体型中多少个实体存在联系。两个实体间的联系可以归结为以下三种类型：

1. 一对一联系

以学校和校长这两个实体型为例，如果一个学校只能有一个校长，且一个校长不能兼任其他学校的校长，在这种情况下，学校与校长之间存在一对一联系。

2. 一对多联系

以学校中系和学生两个实体型为例，如果一个系中可以有多名学生，而一个学生只能在一个系注册学习，那么系和学生之间存在一对多联系。一对多联系是最普遍的联系，也可以将一对一联系看作是一对多联系的特殊情况。

3. 多对多联系

以学校中学生和课程两个实体型为例，如果一个学生可以选修多门课程，而一门课程可以由多名学生选修，那么，学生和课程之间存在多对多联系。

1.4 数 据 模 型

为了反映实体本身及实体之间的各种联系，数据库中的数据必须有一定的结构，这种结构用数据模型来表示。简单地说，数据模型就是数据库中数据的结构形式。数据库不仅管理数据本身，而且要使用数据模型表示数据之间的联系。可见，数据模型是数据库管理系统用来表示实体及实体间联系的方法。一个具体的数据模型应当正确地反映出数据之间存在的整体逻辑关系。

任何一个数据库管理系统都是基于某种数据模型的。数据库管理系统常用的数据模型有三种：层次模型、网状模型、关系模型。

1.4.1 层次数据模型

用树形结构表示实体及其之间联系的模型称为层次模型。在这种模型中，数据被组织成由"根"开始的"树"，每个实体由根开始沿着不同的分支放在不同的层次上。如果不再向下分支，那么此分支序列中最后的结点称为"叶"。上级结点与下级结点之间为一对多的关系。图 1.3 给出了一个层次模型的例子。

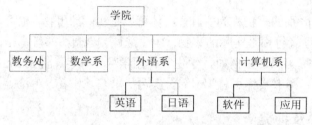

图 1.3　层次模型

层次模型的特点如下：
(1) 有且仅有一个根结点。
(2) 其他结点向上仅有一个父结点，向下可以有若干子结点。

1.4.2 网状数据模型

网状模型描述的是实体间"多对多"的联系。这种模型的结构特点是不受层次的限制，可以任意建立联系，是一种结点的连通图，如图 1.4 所示。

网状模型的特点如下：
(1) 有一个以上的结点，无父结点。
(2) 至少有一个结点，有多个父结点。

图 1.4　网状模型

1.4.3 关系数据模型

关系模型是用二维表来描述实体之间联系的一种结构模型。关系模型中的每个关系对应一张二维表，采用二维表表示数据及其联系。

在二维表中，每一行称为一个记录(元组)，每一列称为一个数据项或字段(属性)，数据项名称为字段名或属性名，整个表表示一个关系。关系模型已成为目前数据库系统最常用的一种数据模型，如表 1.1 所示。

表 1.1　关　系　模　型

学号	姓名	语文	数学	外语	综合
2000101	张三	121	98	112	287
2000102	李四	98	96	105	165
2000103	王五	127	98	112	235

关系模型的特点如下：

(1) 关系中的每个数据项不可再分。

(2) 每一列数据项具有相同的属性。

(3) 每一行记录由一个具体事物的诸多属性构成。

(4) 行和列的排列顺序是任意的。

(5) 一个关系是一张二维表，不允许有相同的字段名，也不允许有相同的记录。

1.5　关系数据库设计

1.5.1　关系数据库

关系数据库是若干个依照关系模型设计的数据表的集合。一个关系数据库由若干个数据表组成，数据表又由若干条记录组成，而每一条记录由若干个数据项(或称为字段)组成。

关系数据库的特点如下：

(1) 以面向系统的观点组织数据，使数据具有最小的冗余度，支持复杂的数据结构。

(2) 具有高度的数据和程序的独立性，用户的应用程序与数据的逻辑结构及物理存储方式无关。

(3) 数据具有共享性，使数据库中的数据能为多个用户服务。

(4) 关系数据库允许多个用户同时访问，并且提供了各种控制功能，包括数据的安全性、完整性和并发性控制。安全性控制可防止未经允许的用户存取数据；完整性控制可保证数据的正确性、有效性和相容性；并发性控制可防止多用户并发访问数据时由于相互干扰而产生数据不一致的问题。

1.5.2　关系数据库设计实例

设计数据库的主要目的是设计出满足实际应用需求的实际关系模型。一般情况下，设计一个数据库要经过需求分析、确定所需表、确定所需字段、确定主关键字和确定表间联系等步骤。

下面实例介绍数据库的设计过程

【例 1.1】　根据下述教学管理基本情况，设计"教学管理"数据库。

某学校教学管理的主要工作包括教师档案及教师授课情况管理、学生档案及学生选课情况管理等几项。教学管理涉及的主要数据如表 1.2 和表 1.3 所示。由于该校对教学管理中的信息不够重视，信息管理比较混乱，很多信息无法得到充分、有效的应用。解决问题的方法之一是利用数据库组织、管理和使用教学管理信息。

表 1.2　教 师 关 系

教师编号	姓名	性别	职称	联系电话
TY101	王刚	男	教授	13112345678
TY102	李华	男	副教授	89369871
TY103	王梅	女	副教授	35125687
…	…	…	…	…

表 1.3　学生选课关系

学生编号	姓名	课程编号	课程名称	学时	学分	成绩
0801101	曾江	001	大学计算机基础	40	2	85
0801102	刘艳	002	C 语言程序设计	50	3	74
0801103	王平	003	数据库技术与应用	50	3	62
…	…	…	…	…	…	…

1. 需求分析

根据需求分析的内容对例 1.1 所描述的教学管理情况进行分析，可以确定建立"教学管理"数据库的目的是解决教学信息的组织和管理问题。其主要任务应包括教师信息管理、教师授课信息管理、学生信息管理和选课情况管理等。

2. 确定所需表

在教学管理业务的描述中提到了教师表和学生选课表，根据"教学管理"数据库应完成的任务，将"教学管理"数据库的数据分为 5 类，分别存放在教师、学生、选课、课程和授课等 5 张表中。

3. 确定所需字段

确定每个表中要保存哪些字段。通过对这些字段的显示或计算应能够得到所有需求信息。因此，可确定出"教学管理"数据库中 5 张表包含的字段，如表 1.4 所示。

表 1.4　"教学管理"数据库

表名	字 段 名
教师	教师编号、姓名、性别、职称、联系电话
学生	学号、姓名、性别、出生日期、团员否、入校时间、入学成绩、简历、照片
选课	学号、课程编号、成绩
课程	课程编号、课程名称、学时、学分、课程性质
授课	课程编号、教师编号

4. 确定主关键字

为使关系型数据库管理系统有效地工作，数据库的每个表都必须由一个或一组字段来唯一确定存储在表中的每条记录，这一个或一组字段即为主关键字。

"教学管理"数据库的 5 张表中，教师表、学生表和课程表都设计了主关键字。教师

表中的主关键字是"教师编号"，学生表中的主关键字为"学号"，课程表中的主关键字为
"课程编号"。为了使表结构清晰，也可以为选课表和授课表分别设计主关键字"选课 ID"
和"授课 ID"。设计后的表结构如表 1.5 所示。

表 1.5　"教学管理"数据库表结构

表名	字　段　名
教师	教师编号、姓名、性别、职称、联系电话
学生	学号、姓名、性别、出生日期、团员否、入校时间、入学成绩、简历、照片
选课	选课 ID、学号、课程编号、成绩
课程	课程编号、课程名称、学时、学分、课程性质
授课	授课 ID、课程编号、教师编号

5. 确定表间联系

确定表间联系的目的是使表的结构合理，即表中不仅存储了所需要的实体信息，而且
反映出实体之间客观存在的联系。表与表之间的联系需要通过一个共同字段来反映，因此
为确保两张表之间能够建立起联系，应将其中一个表的主关键字添加到另一个表中。

授课表中有"课程编号"和"教师编号"，而"教师编号"是教师表中的主关键字，"课程
编号"是课程表中的主关键字。这样，教师表与授课表、课程表与授课表就可以建立起联系。
"教学管理"数据库 5 张表之间的联系如图 1.5 所示。

图 1.5　"教学管理"数据库表之间的联系

本 章 小 结

数据库系统是引进了数据库技术的计算机系统。数据库系统是一个复杂的系统，由硬
件系统、数据库集合、数据库管理系统及相关软件、数据库管理员和用户组成，能实现大
量相关数据的有组织、动态的存储，并提供数据处理和信息资源共享功能。数据库管理系
统是数据库系统的核心，它常用的数据模型有三种：层次模型、网状模型和关系模型。

关系数据库是若干个依照关系模型设计的数据表文件的集合。Access 数据库的设计过
程包括需求分析、确定需要表、确定所需字段、确定主关键字和确定表间联系等。

本章的学习将为学生学习后续数据库知识打下良好的基础。

习 题

一、选择题

1. 用二维表来表示实体及实体之间联系的数据模型是(　　)。

A. 实体-联系模型　　　　　　　B. 层次模型

C. 网状模型　　　　　　　　　　D. 关系模型

2. 数据库(DB)、数据库系统(DBS)、数据库管理系统(DBMS)三者之间的关系是(　　)。

A. DBS 包括 DB 和 DBMS　　　　B. DBMS 包括 DB 和 DBS

C. DB 包括 DBS 和 DBMS　　　　D. DBS 就是 DB，也就是 DBMS

3. 如果一个班只能有一个班长，而且一个班长不能同时担任其他班的班长，则班级和班长两个实体之间的关系属于(　　)。

A. 一对一联系　　　　　　　　　B. 一对二联系

C. 多对多联系　　　　　　　　　D. 一对多联系

4. 在关系型数据库管理系统中，一个元组对应于一个(　　)。

A. 记录　　　　　B. 字段　　　　　C. 表文件　　　　D. 数据库文件

二、填空题

1. 信息是有用的_____。

2. 数据是信息的_____。

3. 常用的数据模型有_____、_____和_____三种。

4. 数据库系统主要由_____、_____、_____、_____和_____五部分组成。

三、简答题

1. 信息和数据有什么区别?

2. 数据处理的目的是什么?

3. 什么是数据模型?

4. 实体间的联系有哪些? 各自具有什么特点?

第 2 章 Access2010 简介

问题：

1. Access2010 是什么类型的软件？
2. Access2010 能做什么？
3. Access2010 具有什么特点？
4. 如何启动和关闭 Access2010？

Access2010 是一种关系型的桌面数据库管理系统，是 Microsoft Office 2010 套件之一。自 20 世纪 90 年代初期诞生的 Access1.0 到目前的 Access2010，Access 软件得到了广泛使用，并于 1996 年被评为全美最流行的黄金软件。Access 历经多次升级改版，其功能越来越强大，但操作反而更加简单。尤其是 Access 软件与 Office 软件的高度集成，其风格统一的操作界面使得许多初学者很容易掌握。

2.1 Access2010 概述

Access2010 是 Microsoft Office 2010 办公系列软件的一个重要组成部分，是美国 Microsoft 公司推出的数据库管理系统，具有界面友好、易学易用、开发简单、接口灵活等特点，是典型的桌面数据库管理系统。使用它可以高效地完成各类中小型数据库管理工作，它广泛应用于金融、教育、军事、管理等众多领域，可以大大提高数据处理的效率。

2.1.1 Access 的发展过程

Access 数据库系统既是一个关系数据库系统，又是一个可作为 Windows 图形用户界面的应用程序生成器，它经历了一个长期的发展过程。

早期的 Microsoft 公司和 IBM 公司为了开发出容易使用和协调不同种类的应用程序，推出了用于 Windows 和 OS/2 Presentation Manager 的数据库系统软件版本，提出了计算机与用户沟通的标准 CUA(Common User Access)。

1990 年 5 月 Microsoft 公司推出 Windows 3.0，该程序立刻受到了用户的欢迎和喜爱。之后，1992 年 11 月 Microsoft 公司发行了第一个供个人使用的 Windows 数据库管理系统——Access1.0。从此，Access 不断得到改进和再设计。自 1995 年起，Access 成为办公软件 Office 95 的一部分，多年来，Microsoft 先后推出过的 Access 版本有：2.0、7.0/95、8.0/97、9.0/2000、10.0/2002，2003/2003，2007/2006，直到 2009 年发布 Access2010。

中文版 Access2010 能够完善的管理各种数据库对象，具有强大的数据组织、用户管理、安全检查等功能。它可以建立基于本地硬盘的桌面级数据库系统，也可以将数据库发布到网站上以便其他用户可以通过 Web 浏览器来访问。

2.1.2　Access2010 的基本特点和新增功能

Access2010 是一个面向对象的、采用事件驱动的新型关系型数据库。Access2010 提供了表生成器、查询生成器、宏生成器、报表设计器等许多可视化的操作工具，以及数据库向导、表向导、查询向导、窗体向导、报表向导等多种向导，可以使用户方便地构建一个功能完善的数据库系统。Access 还为开发者提供了 Visual Basic for Application(VBA)编程功能，使高级用户可以开发功能更加完善的数据库系统。

Access2010 的基本特点如下：

(1) 可以方便地生成各种数据对象，利用存储的数据建立窗体和报表，可视性好。

(2) 作为 Office 软件工具箱的一部分，可以与 Office 的其他成员软件集成，实现无缝连接。

(3) 具有强大的数据处理功能，可以将数据库发布在一个工作组级别的网络环境中，实现 C/S(客户/服务器)模式或 B/S(浏览器/服务器)模式的数据库访问和安全管理机制。

(4) 能够利用 Web 检索和发布数据，实现与 Internet 的连接。

与以前的 Access 版本相比，Access2010 引入了新的功能：

(1) 全新的用户界面。Access2010 沿用了 Office 2007 中引入的功能区和导航窗格，并新增了 Backstage 视图，将过去深藏在复杂的菜单和工具栏中的命令和功能显示出来，增加了全新用户界面，使用户能够轻松使用。

(2) 更强大的对象创建工具。使用"创建"选项卡可以快速创建基于数据库对象的窗体、报表等。

(3) 新的数据类型和控件。多值字段、附件数据类型、增强的"备注"字段、日期/时间字段的内置日历控件等新增的数据类型和控件可以帮助用户更加灵活地处理数据。

(4) 改进的数据显示。增强的排序和筛选工具、数据表中的总计和交替背景色设置、条件格式数据显示功能等，可以帮助用户更快地创建数据库对象和更轻松地分析数据。

(5) 更高的安全性。Access2010 通过设置受信位置，可以更好地信任安全文件夹中的所有数据库，还可以加载禁用代码或宏的数据库应用程序，以此提供更安全的"沙盒"(即不安全的命令不得运行)运行模式。

(6) 更佳的故障查询方式。Access2010 还有一系列有助于发现计算机崩溃原因的诊断测试机制。这些诊断测试可以直接解决部分问题，也可以确定其他问题的解决方法。

(7) 更强的校对工具。Access2010 中引入了拼写检查器等校对工具，提供了全局性的拼写检查项，并共享了 Web 数据定义词典。

总之，Access 发展到现在已经向用户展示出了易于使用和功能强大的特性。

2.2　Access2010 的启动与关闭

与其他 Microsoft Office 程序一样，在使用数据库时，首先需要打开 Access2010 工作界面，然后再打开需要的数据库进行各种操作。

2.2.1　Access2010 的启动

Access2010 的启动方法如下：

(1) 选择任务栏的"开始"按钮，然后从弹出的菜单中依序选择"所有程序/Microsoft Office/Microsoft Office Access2010"命令。

(2) 启动 Access2010 后，其初始界面如图 2.1 所示。

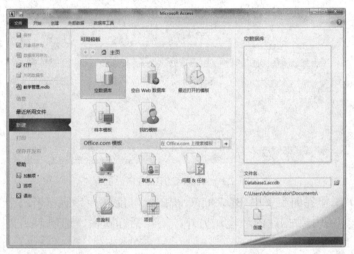

图 2.1　Access2010 初始界面

在初始界面中，默认显示的是【文件】菜单下的【新建】页面，该页面的中央区域显示的是【可用模板】。其他功能都集中在包括【开始】、【创建】、【外部数据】和【数据库工具】等功能区中。

2.2.2　Access2010 的关闭

当用户工作完成之后，需要关闭打开的数据库，以避免发生意外事故造成数据丢失或数据库的损坏。通常情况下，可以使用以下 4 种方式关闭 Access。

(1) 单击 Access 主窗口右上角的"关闭"按钮。

(2) 选择"文件"菜单中的"退出"命令。

(3) 使用 Alt + F4 快捷键。

(4) 使用 Alt + F + X 快捷菜单命令。

无论何时退出 Access，Access2010 都将自动保存对数据所作的更改。但是，如果上一次保存之后又更改了数据库对象的设计，Access2010 将在关闭之前询问是否保存这些更改。

提示：如果由于断电等原因意外地退出 Access2010 系统可能会损坏数据库。

2.3　Access2010 工作界面

Access2010 相对于旧版本的 Access2003 界面发生了相当大的变化，但是与 Access2007 却非常相似。它采用了全新的用户界面，这种用户界面可以帮助用户提高工作效率。

2.3.1　工作界面组成

Access2010 初始界面提供了创建数据库的导航，当选择新建空白数据库或者 Web 数据库，或者在选择某种模板之后，就正式进入工作界面，如图 2.2 所示。

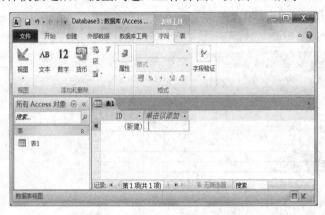

图 2.2　Access2010 用户界面

Access2010 工作界面主要由 Backstage 视图、功能区和导航窗格三个主要组件组成，提供了用户创建和使用数据库的环境。另外，还包括标题栏、选项卡式文档、状态栏等。

2.3.2　组件功能

1. Backstage 视图

Backstage 视图是功能区的"文件"选项卡上显示的命令集合，包含很多以前出现在 Access 早期版本"文件"菜单中的命令。Backstage 视图还包含适用于整个数据库文件的其他命令，例如创建新数据库、打开现有数据库、将数据库发布到 Web。它还可以执行很多文件和数据库维护任务，包括压缩修复数据库、设置数据库管理权限、设置数据库访问密码等。

在打开 Access2010 但还未打开数据库时看到的界面就是 Backstage 视图，如图 2.3 所示。

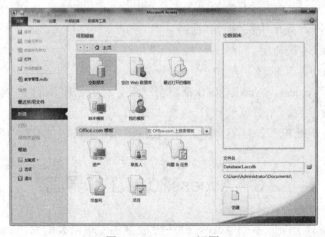

图 2.3　Backstage 视图

2. 功能区

打开数据库后，功能区是一个带状区域，显示在 Access2010 主界面窗口的顶部，标题栏的下面，如图 2.4 所示。它是菜单栏和工具栏的主要替代工具，提供了 Access2010 中主要的命令界面。其最大优势是将通常需要使用的菜单、工具、任务窗格和其他用户界面组件集中在一个地方，方便用户操作。

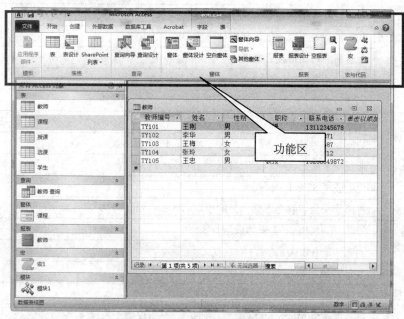

图 2.4　Access2010 功能区

功能区由一系列包含多组相关命令的命令选项卡组成。在 Access2010 中，主要的命令选项卡包括"文件"、"开始"、"创建"、"外部数据"和"数据库工具"。每个选项卡都包含多组相关命令，可以用来操作相应的数据对象。使用 Access2010 的功能区，用户可以更快地查找相关命令组。

Access2010 功能区的主要内容如表 2.1 所示。

表 2.1　Access2010 功能区的主要内容

选项卡	主 要 命 令
文件	对数据库文件进行各种操作和对数据库进行设置
开始	选择不同的视图
	从剪贴板复制和粘贴
	设置当前的字体格式
	设置当前的字体对齐方式
	对备注字段应用 RTF 格式
	操作数据记录(刷新、新建、保存、删除、汇总、拼写检查及更多)
	对记录进行排序和筛选
	查找记录

续表

选项卡	主 要 命 令
创建	插入新的空白表
	使用表模板创建新表
	在 SharePoint 网站上创建列表，在链接至新创建的列表的当前数据库中创建表
	在设计视图中创建新的空白表
	基于活动表或查询创建新窗体
	创建新的数据透视表或图表
	基于活动表或查询创建新报表
	创建新的查询、宏、模块或类模块
外部数据	导入或链接到外部数据
	导出数据为 Excel、文本、XML 文件、PDF 等格式
	通过电子邮件收集和更新数据
	使用联机 SharePoint 列表
	将部分或全部数据库移至新的或现有 SharePoint 网站
数据库工具	启动 Visual Basic 编辑器或运行宏
	创建和查看表关系
	显示/隐藏对象相关性或属性
	运行数据库文档或分析性能
	将数据移至 Microsoft SQL Server 或 Access(仅限于表)数据库
	管理 Access 加载项
	创建或编辑 Visual Basic for Applications (VBA)模块

3. 导航窗格

导航窗格区域位于主界面窗口左侧，用以显示当前数据库中的各种数据对象，如图 2.5 所示。

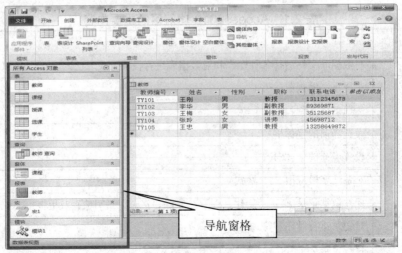

图 2.5　Access2010 导航窗格

　　导航窗格取代了 Access 早期版本中的数据库窗口。导航窗格具有两种工作状态，折叠状态和展开状态。单击导航窗格的 》 按钮或 《 按钮展开或折叠导航窗格。

　　导航窗格实现了对当前数据库的所有对象的管理和对相关对象的组织。导航窗格显示数据库中的所有对象，并按类别将它们分组。单击导航窗格右上方的小箭头即可弹出"浏览类别"菜单，在该菜单中选择查看相应的分组对象，如图 2.6 所示。

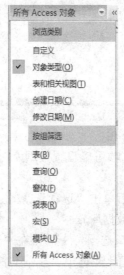

图 2.6　"浏览类别"菜单

4. 标题栏

　　"标题栏"位于 Access2010 工作界面的最上端，用于显示当前打开的数据库文件名，如图 2.7 所示。在标题栏的右侧有 3 个小图标，依次代表用以控制窗口的最小化、最大化和关闭应用程序，这也是标准的 Windows 应用程序的组成部分。

图 2.7　Access2010 标题栏

5. 选项卡式文档

　　Access2010 可以采用选项卡式文档的形式代替重叠窗口来显示数据库对象，其优点是便于用户对数据库的交互使用，如图 2.8 所示。

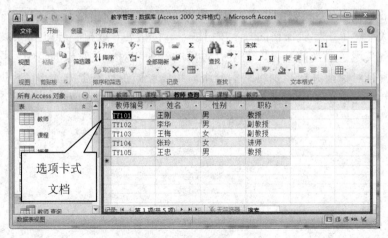

图 2.8　选项卡式文档

通过设置 Access2010 自定义选项可以设置数据库对象显示为选项卡式或重叠式窗口。设置方式如下：

(1) 单击"文件"选项卡，然后单击"选项"，弹出"Access 选项"对话框。

(2) 在左侧窗格中单击"当前数据库"。

(3) 在右侧窗格中的"文档窗口选项"中，可在"选项卡式文档"或"重叠窗口"中选择其一。若选择"选项卡式文档"，应选中"显示文档选项卡"复选框，清除该复选框，则文档选项卡将关闭，如图 2.9 所示。

(4) 选好后，单击"确定"。

图 2.9　设置文档窗口显示方式

注意："显示"文档选项卡设置是针对单个数据库的，必须为每个数据库单独设置此项，更改了选项卡式文档设置后必须关闭数据库，然后重新打开，新设置才能生效。

6. 状态栏

与早期版本一样，Access2010 也会在窗口底部显示状态栏，状态栏可以显示状态消息、属性提示、进度提示等。在 Access2010 中，状态栏还包含切换视图的按钮，可以使用状态栏上的控件在视图之间快速切换活动窗口，如图 2.10 所示。

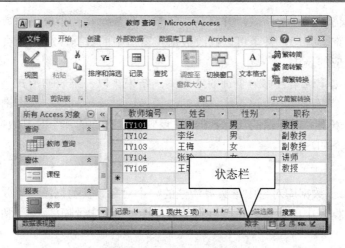

图 2.10　Access2010 状态栏

2.4　Access 的六大对象

我们经常说数据库对象，那么数据库对象到底是什么呢？一些用户一直认为 Access 只是一个能够简单存储数据的容器，其实不然，Access 数据库能完成的功能非常多，这些功能就是依靠数据库的六大数据对象来完成的。具体包括：表、查询、窗体、报表、宏和模块。

Access2010 所提供的这些对象都存放在同一个数据库文件(扩展名为 .accdb 文件)中，便于对数据库文件的管理。

不同的数据库对象在数据库中起着不同的作用。例如，用表来存储数据，用查询来检索符合指定条件的数据，通过窗体来浏览或更新表中的数据，用报表以特定的方式来分析和打印数据。

下面分别针对 Access 数据库对象进行一一介绍。

1. 表

表是数据库中用来存储数据的对象，是整个数据库系统的基础。Access 允许一个数据库中包含多个表，用户可以在不同的表中存储不同类型的数据，这些表也称为基本表。通过在表之间建立关系可以将不同表中的数据联系起来，以便用户使用。

在表中，数据以行和列的形式保存，类似于通常使用的电子表格。表中的列称为字段，字段是 Access 信息的最基本载体，说明了一条信息在某一方面的属性。表中的行称为记录，记录是由一个或多个字段组成的，一条记录就是一个完整的信息。

在数据库中，应该为每个不同的实体建立单个的表，这样可以提高数据库的工作效率，并且减少因数据输入而产生的错误。

2. 查询

查询是数据库设计目标的体现，数据库建完以后，数据只有被使用者查询才能真正体现它的价值。

查询是用来操作数据库中的记录对象的，利用它可以按照一定的条件或准则从一个或多个表中筛选出需要操作的字段，并将它们集中起来显示在一个虚拟的数据表窗口中。用户可以浏览、查询、打印，甚至可以修改数据表窗口中的数据，Access 会自动将所做的任何修改反映到对应的表中。

查询到的数据记录集合称为查询的结果集，结果集以二维表的形式显示出来，但它们不是基本表。每个查询只记录该查询操作的结果。所以，每进行一次查询操作，其结果集显示的都是基本表中当前存储的实际数据，它反映的是查询的那个时刻数据表的存储情况，查询的结果是静态的。

3. 窗体

窗体是 Access 数据库对象中最具灵活性的一个对象，其数据源可以是表或查询。在窗体中可以显示数据表中的数据，也可以将数据库中的表链接到窗体中，利用窗体作为输入记录的界面。

通过在窗体中插入按钮，可以控制数据库程序的执行过程，可以说窗体是用户与数据库进行交互操作的最好界面。利用窗体，能够从表中查询提取所需的数据，并将其显示出来。通过在窗体中插入宏，用户可以把 Access 的各个对象很方便地联系起来。

4. 报表

报表对象是用来产生报表数据的工具。通过报表功能既可产生较为美观的输出格式，也可以在报表中加入各种运算或图表，让输出报表更具说服力。

5. 宏

Microsoft Office 提供的所有工具中都提供了宏的功能。宏实际上是一系列操作的集合，其中每个操作都能实现特定的功能，例如打开窗体、生成报表、保存修改等。在日常工作中，用户经常需要做大量的重复操作，利用宏可以简化这些操作，使大量的重复性操作自动完成，从而使管理和维护 Access 数据库更加简单。

6. 模块

模块是将 Visual Basic for Application 声明和过程作为一个单元进行保存的集合，是应用程序开发人员的工作环境。模块中的每一个过程都是一个函数过程或子程序。通过将模块与窗体、报表等 Access 对象相联系，可以建立完整的数据库应用程序。

原则上说，使用 Access 时用户不需编程就可以创建功能强大的数据库应用程序，但是通过在 Access 中编写 Visual Basic 程序，用户可以编写出更复杂的、运行效率更高的数据库应用程序。

本 章 小 结

Access2010 是一种关系型的桌面数据库管理系统，是 Microsoft Office 2010 套件之一。Access2010 用户界面的三个主要组件是 Backstage 视图、功能区和导航窗格，这三个元素提供了用户创建和使用数据库的环境。另外，还有标题栏、选项卡式文档、状态栏等。Access 数据库的功能是依靠数据库的表、查询、窗体、报表、宏和模块等六大数据对象来完成的。

习　题

一、选择题

1. 在 Access2010 中，（　　）提供了主要的命令界面，替代了早期版本中的菜单栏和工具栏。

    A. 命令选项卡　　　　　　　　B. 上下文命令选项卡

    C. 导航窗格　　　　　　　　　D. 功能区

2. Access2010 是一种（　　）型的桌面数据库管理系统。

    A. 层次　　　　　　　　　　　B. 关系

    C. 网状　　　　　　　　　　　D. 都不对

二、填空题

1. Access2010 数据库由 6 种数据库对象组成，这些数据库对象包括：＿＿＿＿＿＿＿＿、＿＿＿＿＿＿＿、＿＿＿＿＿＿＿、＿＿＿＿＿＿＿、＿＿＿＿＿＿＿和＿＿＿＿＿＿＿。

2. 数据库的六大对象中，用于存储数据的数据库对象是＿＿＿＿＿＿，用于和用户进行交互的数据库对象是＿＿＿＿＿＿＿＿。

3. Access2010 数据库文件的扩展名是＿＿＿＿＿＿＿＿。

第3章　数据库与表

问题：

   1. 如何创建和设计数据库?

   2. 如何创建和设计数据表?

   3. 数据库和数据库表之间存在什么样的关系?

引例：

   "教学管理"数据库

3.1　创建数据库

一个合格的数据库应该具备以下条件：能够存储一定量的信息数据；能对存储的数据进行分析、处理，生成报表，以对决策提供帮助；能方便地进行管理和维护。本节主要讲述如何使用 Access2010 设计创建一个数据库。

3.1.1　数据库设计的步骤

创建数据库首先要分析建立数据库的目的，然后确定数据库中的表、表中的字段、主关键字以及表之间的关系等。

1. 分析建立数据库的目的

一个成功的数据库设计方案应将用户需求融入其中。首先分析数据库应完成的任务，调查用户对新建数据库的需求，明确数据库的目的和用途；其次应了解现行工作的处理过程，确定数据库需要保存哪些信息和需要输出哪些信息；最后通过需求分析解决数据库将面临的问题和应该完成的任务。

2. 确定数据库中的表

表是关系数据库的基本信息结构，确定数据库中应包含的表和表的结构是数据库设计中最重要也是最难处理的问题，应合理地设计数据库中所包含的表，其基本原则如下：

(1) 每个表中只包含一个主题的信息。每个表中只包含关于一个主题的信息才能更好地、独立地维护主题的信息。

(2) 表中不包含重复信息，信息不能在表之间复制。信息不重复在更新数据信息时就可以提高效率，还可以消除不同信息的重复项。

3. 确定表中的字段

在 Access2010 数据库中，每个表所包含的信息都应该属于同一主题。因此，在确定所需字段时要注意每个字段包含的内容应该与表的主题相关，而且应包含相关主题所需的全部信息。同时注意表中不要包含需要推导或计算的数据，一定要以最小逻辑部分作为字段来保存。在命名字段时，应符合 Access 字段命名规则。

在 Access 中，字段的命名规则是：

(1) 字段名长度为 1~64 个字符。

(2) 字段名由字母、汉字、数字、空格和其他字符组成。

(3) 字段名不能包含句号(.)、惊叹号(!)、方括号([ ])和重音符号(')。

4．定义主关键字

为了使保存在不同表中的数据产生联系，Access 数据库中的每个表必须有一个字段能唯一标识每条记录，这个字段就是主关键字。主关键字可以是一个字段，也可以是一组字段。为确保主关键字字段值的唯一性，Access 不允许在主关键字字段中存入重复值和空值。

5．建立表间关系

为各个表定义了主关键字后，还要确定表之间的关系，以将各个相关信息结合在一起，形成一个关系型数据库。

根据以上步骤设计完所需的表、字段和关系之后，还应该向表中添加记录，以检验数据库设计中是否存在不足和缺陷，从而进一步完善数据库设计。

当确定表的结构达到设计要求后，向表中添加数据，并且新建所需要的查询、窗体、报表、宏和模块等其他数据库对象。

3.1.2　创建数据库

Access 数据库可以存储各种数据对象，其中包含有表、查询、窗体、报表、宏和模块等。Access 提供了两种创建数据库的方法：第一种是先建立一个空数据库，然后向其中添加表、查询、窗体和报表等对象；第二种是利用 Access2010 本地模板或 Office.com 模板创建数据库。

第一种是从头创建数据库，用户必须分别定义数据库的每一个对象；第二种方法可以快速创建已有表、查询、窗体等对象的数据库，用户可以直接使用，也可以在此基础上进行修改。无论哪一种方法，在数据库创建之后，用户都可以在任何时候修改或扩展数据库。

1．创建空数据库

空数据库就是建立有数据库的外壳，但是没有对象和数据的数据库。创建空数据库之后，根据实际需要添加所需的表、查询、窗体、报表、宏和模块等对象。创建空数据库的方法适合于创建比较复杂的且又没有合适数据库模板的数据库。

【例 3.1】　建立"教学管理"数据库，并将建好的数据库保存于 D 盘 Access 文件夹中。

具体操作步骤如下：

(1) 启动 Access2010 后进入 Backstage 视图，然后在左侧导航窗格中单击"新建"命令，接着在"可用模板"中单击"空数据库"选项。在右侧窗格中的"文件名"文本框中，给出的默认文件名为"Database1.accdb"，把它修改为"教学管理"，如图 3.1 所示。

图 3.1　创建空数据库

(2) 若要更改文件的默认位置，请单击"文件名"框右侧的浏览按钮，通过浏览窗口到某个新位置来存放数据库，如 D 盘 Access 文件夹，然后单击"确定"，如图 3.2 所示。

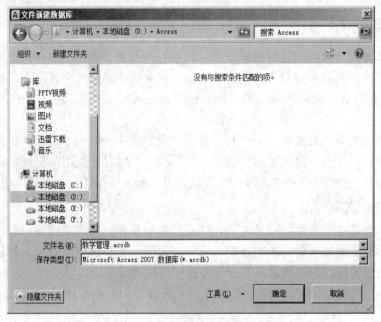

图 3.2　"文件新建数据库"对话框

(3) 单击"创建"，Access2010 将创建一个空数据库，该数据库含一个名为"表 1"的空表，该表已经在"数据表"视图中打开，此时光标将位于"单击以添加"列中的第一个空单元格中，如图 3.3 所示。

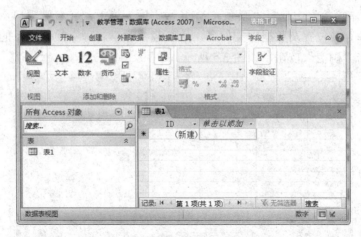

图 3.3　创建好的空数据库

空数据库创建完成后，就可以向其中添加各种 Access 对象了。值得注意的是 Access2010
创建的数据库默认的扩展名为"accdb"，而不是早期版本的"mdb"。

2. 使用模板创建数据库

Access2010 提供了 12 个数据库模板，包括 Web 数据库模板和传统数据库模板。利用
这些模板可以方便、快速地创建数据库。一般情况下，应先从模板中找出与所建数据库相
似的模板，如果所选的数据库模板不满足要求，可以在创建后自行修改。但是，如果模板
不满足既定的数据格式，要修改模板的数据结构来适应需求，可能需要大量的工作，因此，
最好选择再从头创建一个数据库。

【例 3.2】 在 E 盘"教学管理"文件夹下创建"联系人"数据库。

具体操作步骤如下：

(1) 启动 Access2010 后单击"文件"选项卡，在 Backstage 视图中单击"新建"命令，
在主窗口中选择"样本模板"后将显示 Access2010 提供的 12 个数据库模板，如图 3.4 所示。

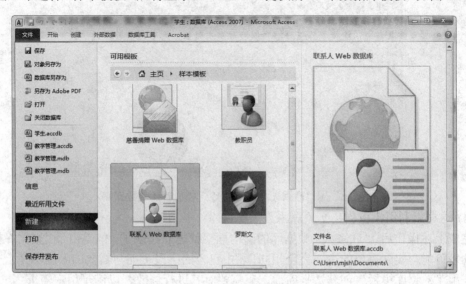

图 3.4　选择数据库模板

(2) 在"样本模板"中选择"联系人 Web 数据库"模板,在右侧窗口点击"浏览"按钮,设置数据库存放位置及数据库文件名,如 E 盘"教学管理"文件夹下的"联系人"数据库,然后单击"确定"按钮,如图 3.5 所示。

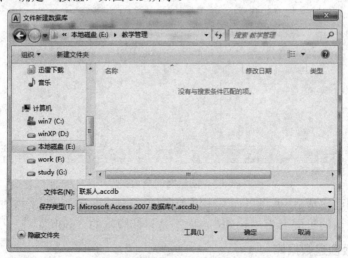

图 3.5　设置数据库存放位置及数据库文件名

(3) 单击"创建"按钮完成数据库的创建,需要注意的是使用模板创建需要等待一段时间。创建的数据库如图 3.6 所示。

图 3.6　用"联系人 Web 数据库"模板新建的数据库

(4) 这样就利用模板创建了"联系人"数据库。

完成上述操作后,"联系人"数据库的结构框架就建立起来了。但是由于"数据库模板"创建的表可能与实际需要的表不完全相同,表中包含的字段可能与需要的字段不完全一样,因此使用"数据库模板"创建数据库后,还需要对其进行修改,以满足用户需求。

提示:可以使用快捷键来新建数据库,按下 Ctrl + N 组合键,新建一个空数据库。

3.1.3　数据库的打开与关闭

创建好数据库后，就可以对数据库进行操作了。进行操作之前，必须首先打开数据库，操作完成后要关闭数据库。

1. 打开数据库

【例 3.3】　打开数据库"教学管理"。

具体操作步骤如下：

(1) 启动 Access2010 后，在"文件"选项卡上，单击"打开"。

(2) 在"打开"对话框中选择"教学管理"所在路径。

(3) 单击"打开"按钮，即可打开选中的数据库，如图 3.7 所示。

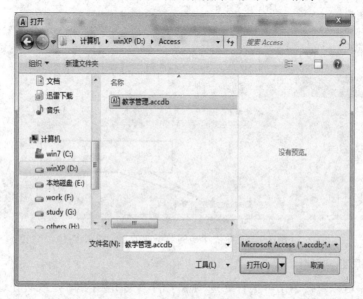

图 3.7　打开"数据库"对话框

若要打开最近打开过的一个数据库，请在"文件"选项卡上单击"最近所用文件"，然后单击该数据库的文件名，Access2010 将使用上次打开时所用的相同设置打开该数据库。可以在如图 3.8 所示的"Access 选项"对话框中设置要显示的最近使用文档数，最多为 50个。可在"文件"选项卡中选择"选项"，在弹出的"Access 选项"对话框中选择"客户端设置"，在"显示"中设置要显示的最近使用文档数。

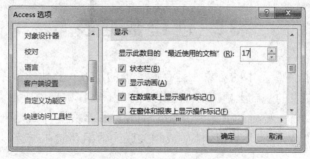

图 3.8　最近使用文档数的设置对话框

　　Backstage 视图左侧的导航栏中也能显示最近使用过的数据库。在靠近"最近所用文件"选项卡底部的位置选中"快速访问此数量的最近的数据库"复选框，可以调整要显示的数据库数量，如图 3.9 所示。

图 3.9　改变快速访问数据库的显示数量

2. 关闭数据库

　　关闭数据库可以直接单击"文件"选项卡上的"关闭数据库"，或者在退出 Access 的同时关闭数据库。退出 Access2010 的方法有以下几种：

(1) 单击数据库子窗口右上角的"关闭"按钮。

(2) 执行"文件"→"退出"菜单命令。

(3) 双击数据库子窗口左上角的控制符号。

(4) 使用快捷键 Alt + F4。

3.2　创建数据表

　　表是 Access 数据库最基本的对象，是存储数据的地方。其他的数据库对象，如查询、窗体和报表等都是在表的基础上建立并使用的。因此，表在数据库中占有十分重要的地位。完成数据库创建后，首先要做的就是建立相应的表。那么究竟什么是表呢？简单来说，表是特定主题的数据集合，将具有相同性质或相关联的数据存储在一起，以行和列的形式来记录数据。

3.2.1 数据类型

表由字段组成，字段的信息则由数据类型决定。因此，用户在设计表时必须要定义表中字段使用的数据类型。

1. 数据类型

Access2010 提供了 12 种常用的数据类型，包括：文本、备注、数字、日期/时间、货币、自动编号、是/否、OLE 对象、超级链接、附件、计算和查阅向导，具体如表 3.1 所示。

表 3.1 数 据 类 型

序号	数据类型	接受的数据	大 小
1	文本	文本或文本和数字的组合	最多 255 个任意字符
2	备注	长文本或文本和数字的组合或具有 RTF 格式的文本	最多 65535 个任意字符
3	数字	用于数学计算的数值数据	1、2、4 、8 个字节
4	日期/时间	从 100～9999 年的日期与时间值	8 个字节
5	货币	用于数值数据，整数位为 15，小数位为 4	8 个字节
6	自动编号	自动为每一条记录分配一个唯一的递增顺序号或随机编号	4 个字节
7	是/否	只包含两者之一(Yes/No、True/False 或 On/Off)	1 位
8	OLE 对象	用于存储其他 Microsoft Windows 程序中的 OLE 对象	最大 1GB
9	超级链接	用于存储链接到本地和网络上的地址	
10	附件	图片、图像、二进制文件和 Office 文件，用于存储数字图像和任何类型的二进制文件的首选数据类型	对于压缩的附件为 2GB，对未压缩的附件大约为 700 KB
11	计算	表达式或结果类型是小数	8 个字节
12	查阅向导	用于启动查阅向导，以便可以创建一个使用组合框查阅另一个表、查询或值列表中值的字段	与执行查阅的主关键字段大小相同

2. 数据类型说明

(1) 文本(Text)类型。文本类型是存放各种文本和数字的组合，用于文本及不需要计算的数字(如名称、邮政编码等)，最长不超过 255 个字符。

(2) 备注(Memo)类型。备注型数据基本与文本型相似，不同之处在于备注型数据最多可以存放 65535 个字符，用于保存较长的文本。

(3) 数字(Number)类型。数字型数据用于存放需要数值计算的数据，但是不能用于货币的计算，如工资等。在"字段属性"的"字段大小"栏目中分为字节、整型、长整型、单精度型、双精度型、小数和同步复制 7 种，用户可以根据需要加以选择。

(4) 日期/时间(Date/Time)类型。日期/时间型数据用来存放日期和时间，如出生日期、出厂日期等。

(5) 货币(Currency)类型。货币型数据用来存放货币值，使用货币型数据可以避免四舍五入的误差，精度为小数点前 15 位和后 4 位。

(6) 自动编号(Auto Number)类型。自动编号型数据可以在添加或删除记录时自动产生编号值，既可是递增或递减，也可随机。

(7) 是/否(Yes/No)类型。是/否类型数据用于存放是/否、真/假、开/关等值。

(8) OLE 对象(OLE Object)类型。OLE 对象类型数据用于存储其他 Microsoft Windows 程序中的 OLE 对象，可以让用户轻松地将使用 OLE 协议创建的对象(表格、声音、视频等嵌入或链接对象)嵌入到 Access 表中。

(9) 超级链接(Hyperlink)类型。超级链接类型数据用来存放超级链接地址。

(10) 附件(Accessory)类型。附件类型数据支持图片、图像、二进制文件和 Office 文件，是存储数字图像和任何类型的二进制文件的首选数据类型。

(11) 计算(Calculate)类型。计算类型数据用来存放其他字段计算的结果，计算时必须引用同一张表中的其他字段，可以使用表达式生成器创建计算字段。

(12) 查阅向导(Lookup Wizard)类型。查阅向导类型是一个特殊字段，用于启动查阅向导，以便可以创建一个使用组合框查阅另一个表、查询或值列表中值的字段。查阅字段的数据类型是"文本"或"数字"，具体取决于在该向导中所作出的选择。

3.2.2 建立表结构

在 Access2010 中，有六种创建数据表结构的方法：

(1) 和 Excel 一样，直接在数据表中输入数据。Access2010 会自动识别存储在该数据表中的数据类型，并据此设置表的字段属性。

(2) 通过 SharePoint 网站来创建表。本地建立的新表通过网络链接到 SharePoint 网站建立的列表中去。

(3) 通过外部数据导入建立新表。将其他格式的外部数据导入到数据库表中。

(4) 通过表设计器从头创建新表。在表设计视图中创建表，所有的字段设置必须由用户自己完成。

(5) 通过表模板创建新表。运用 Access 内置的表模板来建立表。

(6) 通过字段模板创建新表。模板定义了各种字段的属性，可以直接使用。

下面详细介绍后三种。

1. 使用设计器创建表

在 Access2010 中，使用数据表"设计"视图创建表结构时，要详细说明每个字段的字段名和所使用的数据类型。这是最能体现用户需求的建表方式，因为数据表结构可以由用户自己设计定义。表的设计视图如图 3.10 所示。

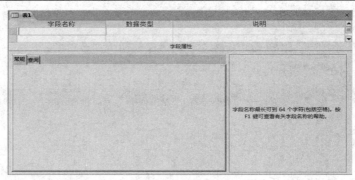

图 3.10　设 计 视 图

设计视图中各部分的说明如表 3.2 所示。

表 3.2　设计视图相关说明

类型	功　能　说　明
字段名称	用于设置数据表中字段的名称
数据类型	用于设置字段的数据类型，如文本、数字型等
说明	用于设置字段所表述的意义
字段属性	在该"常规"选项卡中可以设置各种类型的字段属性

【例 3.4】　在"教学管理"数据库中使用设计视图建立"学生"表，"学生"表结构如表 3.3 所示。

表 3.3　学 生 表 结 构

字段名称	数据类型	字段名称	数据类型
学号	文本	入校日期	日期/时间
姓名	文本	入学成绩	数字
性别	文本	简历	备注
出生日期	日期/时间	照片	OLE 对象
团员否	是/否		

具体操作步骤如下：

(1) 启动 Access2010，打开已经创建好的"教学管理"数据库。

(2) 选择"创建"选项卡，选择"表格"组中的"表设计"选项，如图 3.11 所示。主窗口中出现新表的表设计视图，表名默认为"表 1"，如图 3.12 所示。

图 3.11　表 设 计 视 图 按 钮

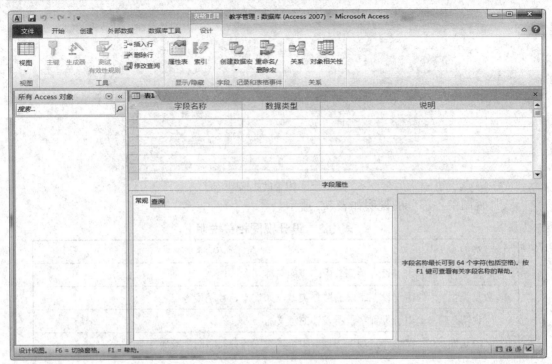

图 3.12　表设计视图

(3) 在字段名称栏中输入字段的名称"学号"，在"数据类型"下拉列表框中选择该字段的数据类型，这里选择"文本"选项，如图 3.13 所示。

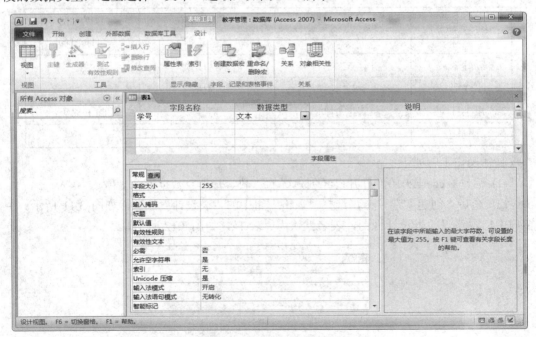

图 3.13　设计表字段和属性

(4) 依次输入表的字段名称，并在"数据类型"列中选择正确的数据类型，结果如图 3.14 所示。

图 3.14 "学生"表字段及数据类型

(5) 在"常规"选项卡中依次为每个字段设置属性,主要包括字段大小、格式、掩码、有效性文本、默认值、索引等等。

(6) 为表格设置主键。在学号字段上点击右键,在快捷菜单中选择"主键",如图 3.15 所示。此时学号字段前出现一个主键标记(Key),如果数据表的主键是由多个字段共同构成,同时选中这些字段,在选中区域的边框线上点击右键,在快捷菜单中选择"主键"即可。

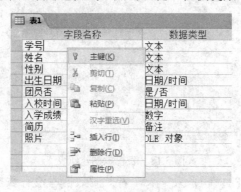

图 3.15 设置主键

(7) 点击屏幕左上角快速访问工具栏上的"保存"按钮,这时弹出"另存为"对话框,在"另存为"对话框中的"表名称"文本框内输入表名"学生",如图 3.16 所示。点击"确定"按钮,此时导航区中出现学生表图标。

图 3.16 保存数据表

(8) 双击导航窗格中的"学生"表,就进入了数据表视图,此时便可以录入数据,如图 3.17 所示。

图 3.17 数据表视图

2. 使用表模板创建表

对于一些常用的应用,如联系人、资产等信息,运用表模板会比手动方式更加方便和

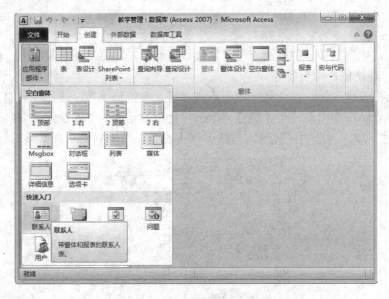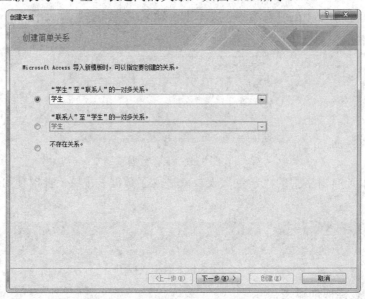

快捷。下面以创建"联系人"表为例，介绍使用表模板创建基本表的步骤。

【例3.5】 用表模板创建"联系人"表。

(1) 启动 Access2010，打开已创建的"教学管理"数据库。

(2) 选择"创建"选项卡，选择最左侧的"应用程序部件"，在弹出的菜单中选择"联系人"，如图3.18所示。

图 3.18　表模板创建新表

(3) 单击左侧导航栏的"联系人"表，若此时数据库没有数据表，即可建立一个新的数据表。本例中，由于教学管理数据库中已有"学生"表，所以会弹出"创建简单关系"对话框，用来建立新表与"学生"表之间的关系，如图3.19所示。

图 3.19　创建关系对话框

(4) 此时点击"不存在关系"，然后点击"创建"。对于表间的关系，在本章3.2.5节中将详细介绍。现在就已经生成了"联系人"表，如图 3.20 所示，接着可以在表的"数据表视图"中完成数据记录的创建、删除等操作。

图 3.20 用表模板创建的"联系人"表

使用表模板创建的数据表往往与实际数据表有一定的差别，因此我们需要对其进行适当的修改以适应用户的具体需求。下面我们以修改"联系人"表为例进行介绍。

【例 3.6】 在"教学管理"数据库中修改"联系人"表为"教师"表，教师表结构如表 3.4 所示。

表 3.4 教 师 表 结 构

字段名称	数据类型	字段名称	数据类型
教师编号	文本	职称	文本
姓名	文本	电子邮件	文本
性别	文本	移动电话	文本

具体步骤如下：

(1) 切换至设计视图。在功能区中选择"开始"选项卡，点击"视图"按钮，在下拉列表中选择"设计视图"进行视图切换，如图 3.21 所示。

图 3.21 切换至"设计视图"

(2) 修改字段名及数据类型。单击鼠标左键选择要修改的字段名或数据类型，然后进行修改。如将"ID"修改为"教师编号",数据类型由"自动编号"修改为"文本";将"姓氏"字段名修改为"姓名","名字"修改为"性别","职务"修改为"职称"。注意:应同时改变字段属性中的"标题"内容。

(3) 删除不需要的字段。单击要删除的字段名或字段左侧的选定器,然后鼠标右键单击该行,在弹出的快捷菜单中选择"删除行"命令即可,如图 3.22 所示,依次删除教师表中不需要的字段。

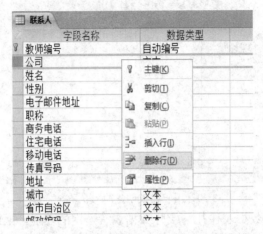

图 3.22　右键快捷菜单的"删除行"命令

(4) 重命名表名。由于不能在数据表打开时进行重命名,所以应先关闭打开的"联系人"表,用鼠标右键单击工作区中的表名"联系人",在快捷菜单中选择"关闭",如图 3.23 所示。然后在左侧导航窗格中右键单击"联系人"表,在快捷菜单中选择"重命名"并修改为"教师",如图 3.24 所示。

图 3.23　关闭打开的数据表

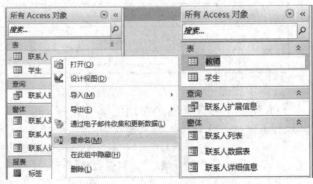

图 3.24　重命名数据表

3. 使用字段模板创建表

Access2010 提供了一种新的创建数据表的方法,即通过 Access 自带的字段模板创建数据表,可以直接使用该字段模板中的字段。下面通过实例,介绍运用字段模板创建表的过程。

【例 3.7】 在"教学管理"数据库中使用字段模板创建"选课"表,"选课"表结构如表 3.5 所示。

表 3.5 选 课 表 结 构

字段名称	数据类型	字段名称	数据类型
选课 ID	自动编号	课程编号	文本
学号	文本	成绩	数字

具体操作步骤如下：

(1) 启动 Access2010，打开建好的"教学管理"数据库。

(2) 选择"创建"选项卡，选择"表格"组中的"表"选项，在主窗口中出现新表的数据表视图，表默认名为"表 1"，如图 3.25 所示。

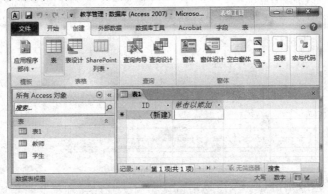

图 3.25 用字段模板创建表

(3) 在数据表视图"表 1"字段名位置"单击以添加"处单击鼠标，选择此字段的基本数据类型，如图 3.26(a)所示；如果要详细设置该字段的数据格式，可以选择功能区"表格"工具栏下的"字段"选项卡，在"添加和删除"组中单击"其他字段"下拉菜单，如图 3.26(b)所示。

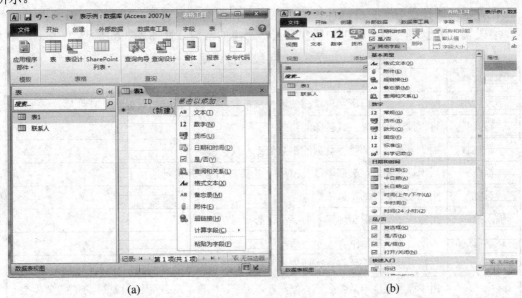

(a)　　　　　　　　　　　　　(b)

图 3.26 选择字段的数据类型

(4) 修改新字段的名称。选择好数据类型后，在数据表视图中将出现新的字段，默认名为"字段1",并呈现高亮显示,此时可直接修改为需要的名称,如图 3.27 所示。"选课"表所有字段创建好后结果如图 3.28 所示。

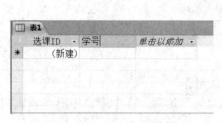 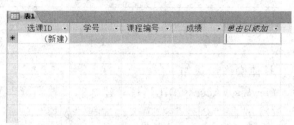

图 3.27 修改字段名称   图 3.28 用字段模板建立的"选课表"结构

(5) 保存"选课"表。表结构创建好后,单击窗口左上方的保存按钮,弹出如图 3.29 所示的"另存为"对话框,键入表名即可。

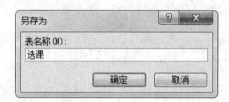

图 3.29 保存"选课"表

可以看出,使用表模板或者字段模板创建表时,其样式都是非常有限的,要满足用户多种多样的数据格式需求,要根据实际需要进入表"设计视图"进行数据类型的修改,因此建议使用表"设计视图"创建表。

3.2.3 设置字段属性

设置字段属性是为了更准确地描述数据表中存储的数据属性。随着字段的数据类型不同,字段属性区也随之显示相应的属性设置。字段的常规属性如表 3.6 所示。

表 3.6 字段属性说明

字段属性	说　　明
字段大小	规定文本型字段所允许填充的最大字符数,或规定数字型数据的类型和大小
格式	可以设置数据显示或打印的格式
小数位数	用于设置数字和货币数据的小数倍数,默认值是"自动"
标题	用于设置在数据表视图以及窗体中显示字段时所用的标题
默认值	用于设置字段的默认值
输入掩码	用特殊字符掩盖实际输入的字符,通常用在加密的字段
有效性规则	字段值的限制范围
有效性文本	当输入的数据不符合有效性规则时显示的提示信息
必填字段	用于设置字段中是否必须有值,若设置是,则该字段必须输入数据,不能设置为空
允许空字符串	是否允许长度为 0 的字符串存储在该字段中
索引	决定是否建立索引的属性,有 3 个选项:无、有(无重复)和有(有重复)

1. 控制"字段大小"

通过设置"字段大小"属性可以控制字段使用的空间大小。该属性只适用于数据类型为"文本"或"数字"的字段。

【例 3.8】 设置"学生"表的"学号"字段的"字段大小"为 10。

具体操作步骤如下：

(1) 打开"教学管理"数据库，从导航窗格中打开"学生"表。

(2) 单击"视图"按钮切换至"设计视图"，或者右键单击导航窗格中的"学生"表，选择在"设计视图"中打开表。

(3) 选择"学号"字段，设置字段属性中的"字段大小"列，如图 3.30 所示，在"字段大小"文本框中输入 10。

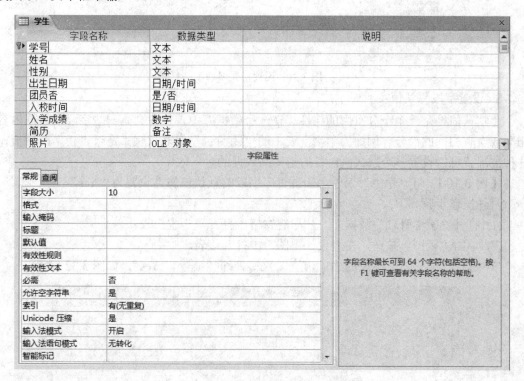

图 3.30 设置字段大小

注意：如果文本字段中已经包含数据，减小字段大小可能会截断数据，造成数据丢失。

2. 设置格式属性

"格式"属性用来设置数据的打印方式和屏幕显示方式。数据类型不同，格式也不同。

【例 3.9】 将"学生"表中的"入校时间"设置为"短日期"格式。

操作步骤如下：

(1) 打开"教学管理"数据库，从导航窗格中打开"学生"表。

(2) 单击"视图"按钮，在"设计视图"中打开该表。

(3) 选择"入校时间"字段，设置字段属性中的"格式"为"短日期"，如图 3.31 所示。

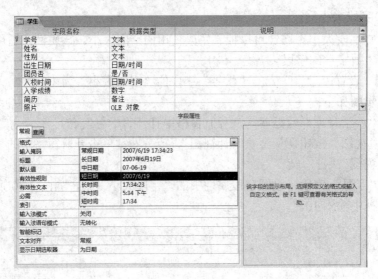

图 3.31　设置格式属性

3. 设置字段默认值

"默认值"是一个十分有用的属性。在一个数据库中，往往会有一些字段的数据内容相同或含有相同的部分。例如"学生"表中的"团员否"字段只有"是"、"否"两种值，这种情况就可以设置一个默认值，目的是提高数据的录入效率。

【例 3.10】　将"学生"表中"团员否"字段的默认值属性设置为"Yes"。

具体操作步骤如下：

(1) 打开"教学管理"数据库，从导航窗格中打开"学生"表。

(2) 单击"视图"按钮，在"设计视图"中打开该表。

(3) 选择"团员否"字段的"默认值"，在编辑框中输入"Yes"，如图 3.32 所示。

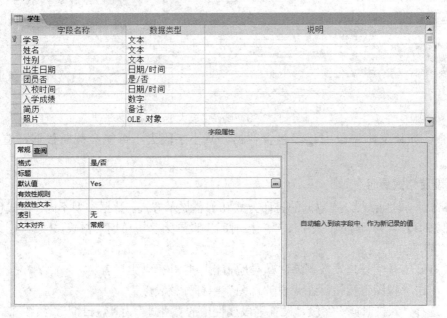

图 3.32　输入默认值

4. 设置有效性规则

"有效性规则"是 Access 中一个非常有用的属性,利用该属性可以防止非法数据输入到表中。"有效性规则"的形式以及设置目的随字段的数据类型不同而不同。对"文本"类型的字段,可以设置输入的字符个数不能超过某一个值;对"数字"类型的字段,可以规定只接受一定范围内的数据;对"日期/时间"类型的字段,可以将数值限制在一定的月份或年份以内。

【例 3.11】 在"选课"表中,将"成绩"字段的取值范围设在 0~100 之间。

具体操作步骤如下:

(1) 打开"教学管理"数据库,在设计视图中打开"选课"表。

(2) 选择"成绩"字段,在"字段属性"区中的"有效性规则"属性框中输入表达式">=0 And <=100",如图 3.33 所示,然后单击工具栏中的"保存"按钮。

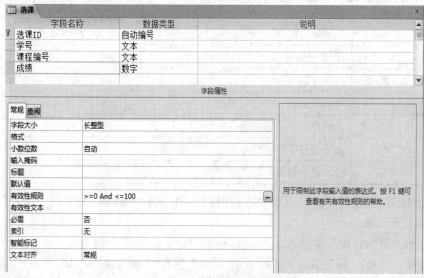

图 3.33　设置有效性规则属性

在此步操作中,也可以单击"生成器"按钮 来启动表达生成器,利用表达式生成器输入表达式。

(3) 单击"视图"按钮切换到"数据表视图",测试有效性规则的效果。在"成绩"字段输入"120"后,再在其他数据上单击,将弹出"有效性规则"提示框,如图 3.34 所示。

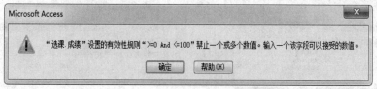

图 3.34　有效性规则提示框

(4) 单击"确定"按钮,将"成绩"字段重新设置为符合要求的数值。

5. 使用输入掩码

"输入掩码"是为用户输入数据定义的格式并限制不符合规则的文字和符号的输入而设计的。使用"输入掩码"的目的是为了控制用户在文本框控件中输入数值时按照特定的格式输入，从而使得查找或排序数据更加方便。

在 Access 的字段数据类型中，文本、日期/时间、数字和货币型可以使用"输入掩码"。"输入掩码"属性所使用字符的含义如表 3.7 所示。

表 3.7　掩码属性字符的含义

字符	说　明
0	表示数字(0~9)，必选项
9	数字或空格，可选项
#	数字或空格，可选项
L 和 ？	表示字母(A~Z)，L 是必须选择项，？是可选项
C 和&	任一个字符或空格，&为必选项，C 为可选项
A 和 a	表示数字和字母，A 是必须选择项，a 是可选择项
—	十进制占位符
，	千位分隔符
/	日期分隔符
:	时间分隔符
<	其后全部字符转换为小写
>	其后全部字符转换为大写
密码	输入的字符显示为"*"

【例 3.12】 设置"学生"表中"入校时间"的"输入掩码"属性。

具体操作步骤如下：

(1) 打开"教学管理"数据库，在设计视图中打开"学生"表。

(2) 选择"入校时间"字段，在"字段属性"区的"输入掩码"属性框中单击鼠标左键，接着单击右侧的⋯按钮，打开如图 3.35 所示的"输入掩码向导"对话框(一)，在该对话框的"输入掩码"列表中选择"短日期"选项。

(3) 单击"下一步"按钮，出现如图 3.36 所示"输入掩码向导"对话框(二)，确定输入的掩码方式和分隔符。

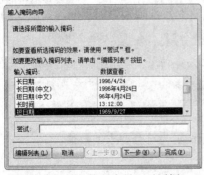

图 3.35　"输入掩码向导"对话框(一)

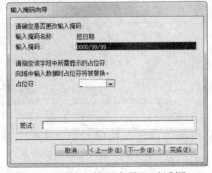

图 3.36　"输入掩码向导"对话框(二)

(4) 单击"下一步"按钮，出现如图 3.37 所示"输入掩码向导"对话框(三)，单击"完成"按钮。

图 3.37 "输入掩码向导"对话框(三)

(5) "输入掩码"栏中的表达式如图 3.38 所示,单击"保存"按钮保存设置。

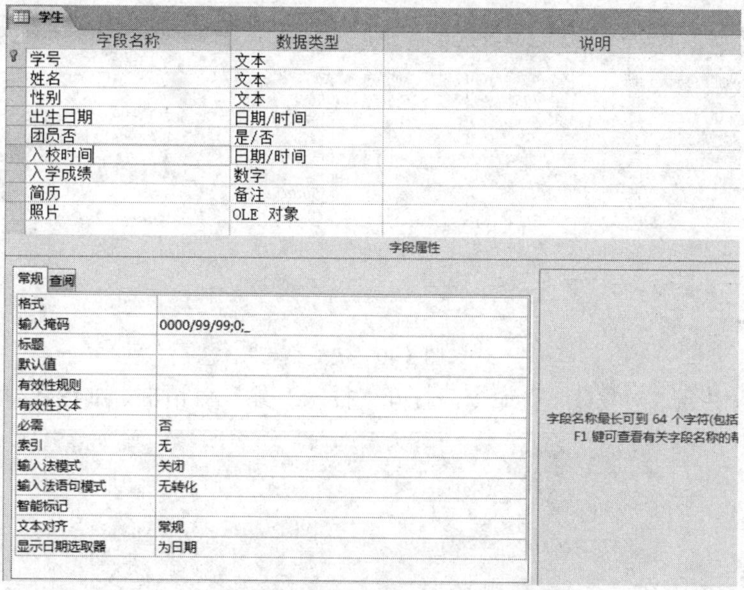

图 3.38 掩码表达式

除上面介绍的字段属性外,Access 还提供了更多的字段属性,如"小数位数"、"标题"、"必填字段"、"索引"等,用户可根据需要进行选择和设置。

3.2.4 向表中输入数据

表结构建立后,数据表中还没有具体的数据资料,只有输入数据才能建立查询、窗体和报表等对象。

向表中输入数据的方法有两种:一是利用"数据表"视图手工单条录入数据,二是利用外部已有的数据表导入数据。

1. 使用"数据表"视图直接输入数据

【例 3.13】 利用"数据表"视图向"学生"表中输入数据记录。

具体操作步骤如下:

(1) 打开"教学管理"数据库，在导航窗格中双击"学生"表，打开如图 3.39 所示的表视图。

图 3.39　"学生"表视图

(2) 从第一条空记录的第一个字段开始分别输入"学号"、"姓名"和"性别"等字段的值，每输入完一个字段值按 Enter 键或 Tab 键转至下一个字段。输入"团员否"字段值时，在复选框内单击鼠标左键会显示出一个"√"，表示是团员，再次单击鼠标左键可以去掉"√"，表示非团员。

(3) 输入"照片"时，将鼠标指针指向该记录的"照片"字段列，单击鼠标右键，弹出快捷菜单，如图 3.40 所示。

学号	姓名	性别	出生日期	团员否	入校时间	入学成绩	简历	照片	单击以添加
1401101	曾江	女	1990/10/12	☑	2014/9/1	621			
1401102	刘艳	女	1991/2/12	☐	2014/9/1	560			
1401103	王平	男	1990/5/3	☑	2014/9/1	603			
1401104	刘建军	男	1990/12/12	☑	2014/9/1	598			
1401105	李兵	男	1991/10/25	☑	2014/9/1	611			
1401106	刘华	女	1990/4/9	☐	2014/9/1	588			
1401107	张冰	男	1994/2/23	☑	2014/9/1	566			

快捷菜单内容：剪切(T)、复制(C)、粘贴(P)、升序排序(A)、降序排序(D)、从"照片"清除筛选器(L)、不是 空白(N)、插入对象(J)...

图 3.40　快捷菜单

(4) 执行"插入对象(J)..."命令，打开"插入对象"对话框，如图 3.41 所示。

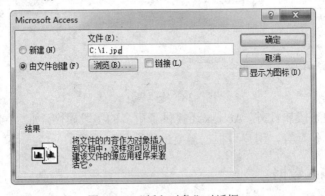

图 3.41　"插入对象"对话框

(5) 在弹出的对话框中选择"由文件创建"，将一个已经存储在磁盘上的照片文件输入数据表。

(6) 点击"确定"回到数据表视图，可以看到照片字段中已经有了标识。

(7) 输入完这条记录的最后一个字段"照片"值后，按 Enter 键或 Tab 键转至下一条记录，接着输入第二条记录。

在输入记录时，我们可以看到，每输入一条记录的同时，表中就会自动添加一条空记录，且该记录的选择器上显示一个星号 ✳ ，表示这条记录是一条新记录；当前准备输入的记录选择器上显示向右箭头 ▶，表示这条记录是当前记录；当用户输入数据时，输入的记录选择器上则显示铅笔图标 ✏，表示正在输入或编辑记录。

2. 获取外部数据

在实际工作中，可能用户所需建立的表已经通过其他工具建立。例如，使用 Excel 生成表，使用 Access 建立数据库文件。这时，只需将其导入数据库中，既可以节约用户时间、简化操作，也可以使用已有的数据。

Access2010 可以导入的数据类型包括 Excel 工作表、ODBC 数据库、其他 Access 数据库、文本文件、XML 文件以及其他类型文件。

【例 3.14】 将已经建立的 Excel 文件"课程.xls"导入"教学管理"数据库。

具体操作步骤如下：

(1) 打开"教学管理"数据库，在功能区选择"外部数据"选项卡，在"导入并链接"组中，单击"Excel"命令按钮，如图 3.42 所示。

图 3.42 "导入并链接"组

(2) 在打开"获取外部数据"对话框中，单击"浏览"按钮。

(3) 在打开的"打开"对话框中，用"查找范围"定位于外部文件所在文件夹，选中导入的数据源文件"课程.xls"，单击"打开"按钮，如图 3.43 所示。

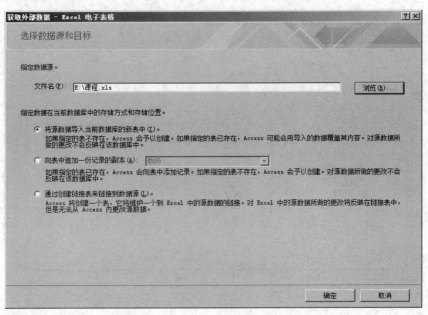

图 3.43 "获取外部数据"对话框

(4) 单击"确定"按钮，屏幕显示"导入数据表向导"对话框(一)，如图 3.44 所示。该对话框中列出了所要导入表的内容。

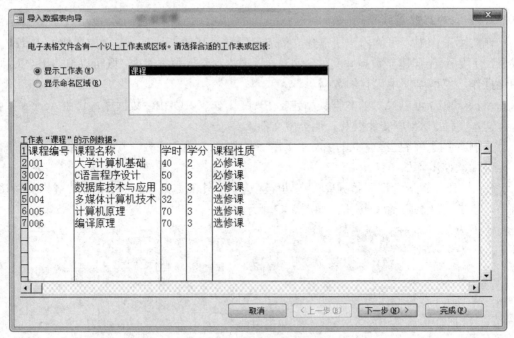

图 3.44 "导入数据表向导"对话框(一)

(5) 单击"下一步"按钮，屏幕显示"导入数据表向导"对话框(二)，如图 3.45 所示。在该对话框中，单击"第一行包含列标题"选项。

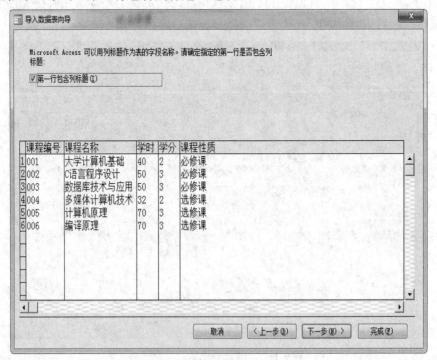

图 3.45 "导入数据表向导"对话框(二)

(6) 单击"下一步"按钮, 屏幕显示"导入数据表向导"对话框(三), 如图 3.46 所示。

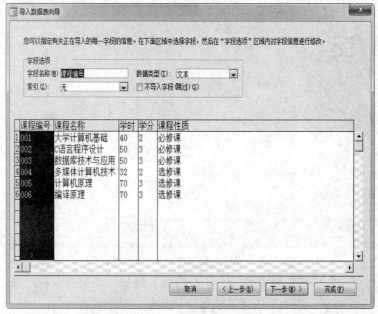

图 3.46 "导入数据表向导"对话框(三)

(7) 单击"下一步"按钮, 屏幕显示"导入数据表向导"对话框(四), 如图 3.47 所示, 在该对话框中确定主键。单击"让 Access 添加主键"选项, 由 Access 添加一个自动编号作为主关键字, 这里我们单击"我自己选择主键"单选项来自行确定主关键字。

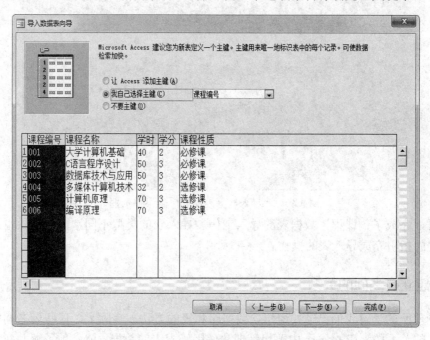

图 3.47 "导入数据表向导"对话框(四)

(8) 单击"下一步"按钮, 屏幕显示"导入数据表向导"对话框(五), 如图 3.48 所示。在该对话框的"导入列表"文本框中输入导入表名称"课程"。

图 3.48 "导入数据表向导"对话框(五)

(9) 单击"完成"按钮。屏幕显示"导入数据表向导"结果提示框，如图 3.49 所示，提示数据导入已经完成。单击"关闭"按钮，关闭提示框。

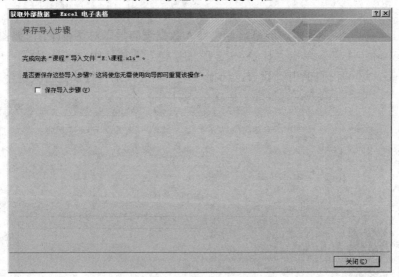

图 3.49 "导入数据表向导"结果提示框

此时，完成了"课程"数据表的导入工作。导入表的类型不同，操作步骤也不同，应按照向导的指引完成导入表的操作。

3.2.5 建立表之间的关系

通过前面的学习我们已经知道建立数据库和表的方法。实际上，这些表之间的数据是存在一定的关系的。在 Access 中要想管理和使用好表中的数据，就必须了解并建立表与表之间的关系，只有这样，才能将不同表中的相关数据联系起来，也才能为建立查询、创建窗体或报表奠定良好的基础。

1. 表间关系的概念

表间关系是指两个表中都有一个数据类型、大小相同的字段,利用这个相同字段可以建立两个表之间的关系。每个表不是完全孤立的,往往两个表之间的字段有关联性,这些相互关联的字段往往是各个表中的关键字。这个相互关联的字段既是某个数据表的主关键字,同时也是另外数据表的外关键字。

两个表之间的匹配关系可以分为一对一、一对多和多对多三种,如表 3.8 所示。

表 3.8 表间的三种关系

匹配关系	说　　明
一对一的关系	假设有表 1 和表 2,如果表 1 中的一个记录只能与表 2 中的一个记录相匹配,而表 2 中的一个记录也只能与表 1 中的一个记录相匹配,则这种对应关系就是一对一关系
一对多的关系	如果表 1 中的一个记录能够与表 2 中的多个记录相匹配,而表 2 中的一个记录只能与表 1 的一个记录相匹配,则称表 1 和表 2 是一对多的关系。一对多的关系是数据库中最常用的一种关系。表 1 称为主表,表 2 称为相关表。
多对多的关系	如果表 1 中的多个记录和表 2 中的多个记录相匹配,而表 2 中的多个记录也与表 1 中的多个记录相匹配,则这样的关系就是多对多关系。

创建表间关系时,必须遵从"参照完整性"的规则,这是一组控制删除或修改相关表数据方式的规则。

参照完整性规则:

(1) 在将记录添加到相关表之前,主表中必须已经存在了匹配的记录。

(2) 如果匹配的记录存在于相关表中,则不能更改主表中的主码值。

(3) 如果匹配的记录存在于相关表中,则不能删除主表中的记录。

2. 建立表间的关系

不同表之间的关联是通过主表的主关键字和子表的外关键字来确定的。

【例 3.15】 定义"教学管理"数据库中 5 个表之间的关系。

具体操作步骤如下:

(1) 选择功能区的"数据库工具"选项卡,单击"关系"组中的"关系"按钮,弹出如图 3.50 所示"关系"窗口和"显示表"对话框。

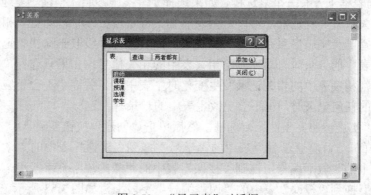

图 3.50 "显示表"对话框

(2) 在"显示表"对话框中,单击"教师"表,然后单击"添加"按钮,接着使用同样方法将"课程"、"授课"、"选课"和"学生"等表添加到"关系"窗口中。单击"关闭"按钮，关闭"显示表"窗口，屏幕显示如图 3.51 所示。

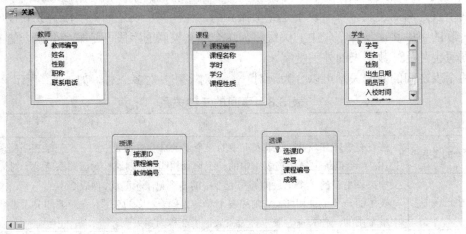

图 3.51 "关系"窗口

(3) 选定"课程"表中的"课程编号"字段，然后按下鼠标左键并拖动到"选课"表中的"课程编号"字段上，松开鼠标，这时屏幕显示如图 3.52 所示的"编辑关系"对话框。

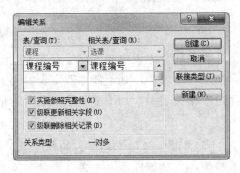

图 3.52 "编辑关系"对话框

在"编辑关系"对话框中的"表/查询"列表框中，列出了主表"课程"表的相关字段"课程编号"；在"相关表/查询"列表框中，列出了相关表"选课成绩"表的相关字段"课程编号"。在列表框下方有三个复选框，如果选择了"实施参照完整性"复选框，然后选择"级联更新相关字段"复选框，可以在主表的主关键字值更改时自动更新相关表中的对应数值；如果选择了"实施参照完整性"复选框，然后选择"级取删除相关记录"复选框，可以在删除主表中的记录时自动地删除相关表中的相关信息；如果只选择"实施参照完整性"复选框，则相关表中的相关记录发生变化时主表中的主关键字不会相应变化，而且当删除相关表中的任何记录时，也不会更改主表中的记录。

(4) 单击"实施参照完整性"复选框，然后单击"创建"按钮。

(5) 用同样的方法将"学生"表中的"学号"拖到"选课"表中的"学号"字段上，将"教师"表中的"教师编号"拖到"授课"表中的"教师编号"字段中，将"课程"表的"课程编号"拖到"授课"表中的"课程编号"字段上，如图 3.53 所示。

(6) 单击"关系"组中的"关闭"按钮，这时 Access 询问是否保存布局的更改，单击"是"按钮。

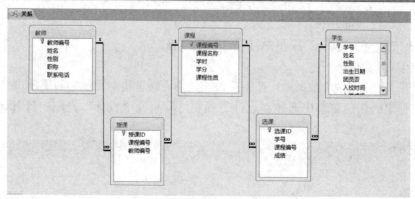

图 3.53　建立关系结果

3. 编辑与删除表间关系

编辑关系的方法：选择功能区"数据库工具"选项卡，单击"关系"组中的"关系"
按钮，屏幕显示"关系"窗口。双击要更改关系的连线，打开"编辑关系"对话框，在该
对话框中重新选择复选框，然后单击"确定"按钮。

删除两个表之间的关系的方法：单击要删除关系的连线，然后按 Del 键。

如果要清除"关系"窗口，单击工具栏上的"清除布局"按钮，然后单击"是"按钮。

3.3　维 护 表

在创建数据库和表时，由于种种原因可能会有不合适的地方，而且随着数据库的不断
使用也需要增加一些字段或删除一些字段，这就需要对数据表进行不断地维护。本节将详
细介绍维护表的基本操作。

3.3.1　打开和关闭表

修改表的结构和记录前，首先要打开相应的表，完成操作后，要关闭表。

1. 在"数据表"视图中打开表

【例 3.16】　在"数据表"视图中打开"教学管理"数据库中的"学生"表。

具体操作步骤如下：

在"教学管理"数据库的导航窗格中，双击"学生"表即可在"数据表"视图中打开
该表，结果如图 3.54 所示。

学号	姓名	性别	出生日期	团员否	入校时间	入学成绩	简历	照片
1401101	曾江	女	1990/10/12	☑	2014/9/1	621		
1401102	刘艳	女	1991/2/12	☐	2014/9/1	560		
1401103	王平	男	1990/5/3	☑	2014/9/1	603		
1401104	刘建军	男	1990/12/12	☐	2014/9/1	598		
1401105	李兵	男	1991/10/25	☑	2014/9/1	611		
1401106	刘华	女	1990/4/9	☐	2014/9/1	588		
1401107	张冰	男	1994/2/23	☑	2014/9/1	566		
*				☐		0		

图 3.54　在"数据表"视图中打开"学生"表

2. 在"设计"视图中打开表

【例 3.17】 在"设计"视图中打开"学生"表。

具体操作步骤如下：

(1) 打开"教学管理"数据库，在主窗口左侧的导航窗格中用鼠标右键单击"学生"表。

(2) 在弹出的快捷菜单中选择"设计"视图，即可在"设计"视图中打开该表，如图3.55 所示。

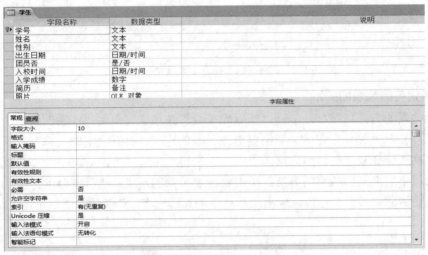

图 3.55　在"设计"视图中打开"学生"表

两者的区别：

(1) "数据表"视图一般用于维护表中的数据；

(2) "设计"视图一般用于修改表的结构。

3. 关闭表

鼠标右键单击已打开的数据表选项卡，在快捷菜单中选择"关闭"或"全部关闭"都可以关闭表。若对表的结构和记录进行修改后，会出现一个提示框，有"是"、"否"、"取消"三个按钮，单击"是"按钮表示保存所做的修改；单击"否"表示放弃所做的修改；单击"取消"按钮表示取消此操作。

3.3.2　修改表的结构

修改表结构的操作主要包括增加字段、删除字段、修改字段和设置主关键字等，这些操作必须在设计视图中完成。

1. 添加字段

【例 3.18】 在"教学管理"数据库"学生"表中插入新字段"籍贯"。

具体操作步骤如下：

(1) 在"教学管理"数据库窗口的导航窗格中用鼠标右键单击"学生"表，在弹出的快捷菜单中选择"设计"视图，在"设计"视图中打开表，如图3.55 所示。

(2) 将鼠标指针移动到要插入新字段的位置，然后在该字段上单击鼠标右键，弹出快捷菜单，如图3.56 所示。

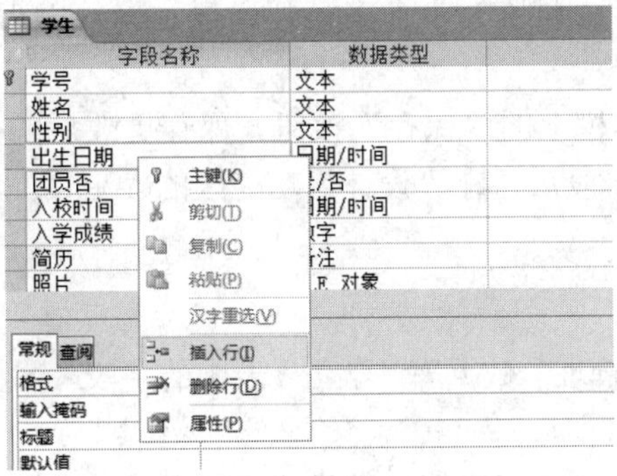
学生
字段名称
数据类型
学号
姓名
性别
出生日期
团员否
入校时间
入学成绩
简历
照片
文本
文本
文本
主键(K)
剪切(T)
复制(C)
粘贴(P)
汉字重选(V)
插入行(I)
删除行(D)
属性(P)
常规
查阅
格式
输入掩码
标题
默认值

图 3.56　单击右键弹出快捷菜单

(3) 在快捷菜单中选择“插入行”命令，数据表中将出现新的空白行，然后在新行的“字段名称”列中输入新的名称“籍贯”，并且单击“数据类型”右边的向下箭头按钮，在弹出的列表中选择“文本”，如图 3.57 所示。

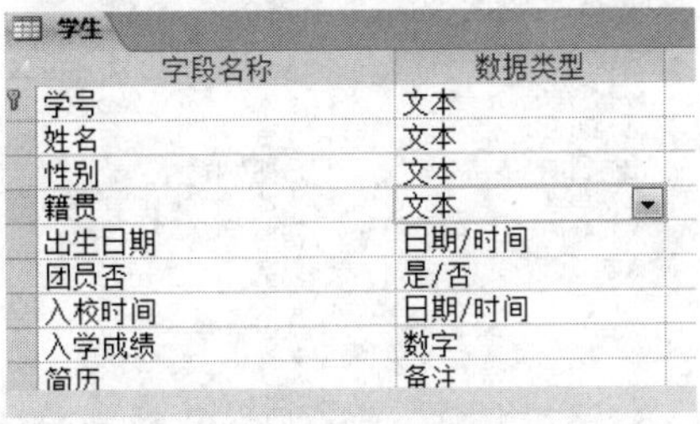
学生
字段名称
数据类型
学号
姓名
性别
籍贯
出生日期
团员否
入校时间
入学成绩
简历
文本
文本
文本
文本
日期/时间
是/否
日期/时间
数字
备注

图 3.57　插入“籍贯”字段

(4) 完成后，单击工具栏上的“保存”按钮，保存更改后的数据表。

此外，在功能区选择“设计”选项卡，在“工具”组中单击“插入行”按钮也可以插入字段。

2. 删除字段

【例 3.19】 删除“教学管理”数据库“学生”表中的“籍贯”字段。

具体操作步骤如下：

(1) 在“教学管理”数据库窗口的导航窗格中，用鼠标右键单击“学生”表，在弹出的快捷菜单中选择“设计”视图，在“设计”视图中打开表。

(2) 将鼠标指针移动到要删除的字段行上，然后在该字段上单击鼠标右键，弹出快捷菜单，如图 3.58 所示。

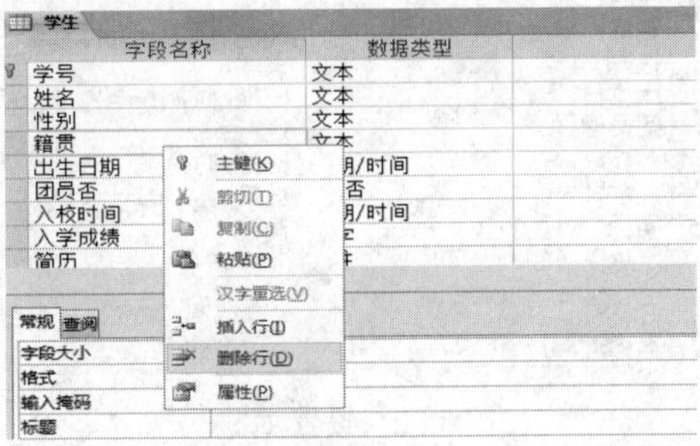
学生
字段名称
数据类型
学号
姓名
性别
籍贯
出生日期
团员否
入校时间
入学成绩
简历
文本
文本
文本
主键(K)
剪切(T)
复制(C)
粘贴(P)
汉字重选(V)
插入行(I)
删除行(D)
属性(P)
常规
查阅
字段大小
格式
输入掩码
标题

图 3.58　“学生”表“设计”视图下删除行

(3) 在快捷菜单中选择"删除行"命令，弹出提示框，单击"是"按钮，将永久删除所选的字段。

(4) 完成后，单击工具栏上的"保存"按钮，保存更改后的数据表。

此外，选择要删除的字段后，在"设计"功能区的"工具"组中单击"删除行"按钮，也可以删除字段。

3. 修改表中的字段

【例 3.20】 将"教学管理"数据库"学生"表中的字段"团员否"修改为"联系电话"。

具体操作步骤如下：

(1) 在"教学管理"数据库窗口的导航窗格中用鼠标右键单击"学生"表，在弹出的快捷菜单中选择"设计"视图，在"设计"视图中打开表。

(2) 在"字段名称"列中可直接对字段进行修改，将"字段名称"列中的"团员否"修改为"联系电话"，将"数据类型"列中的"是/否"修改为"文本"，如图 3.59 所示。

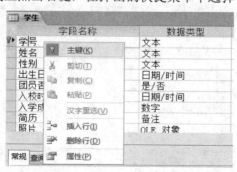

图 3.59　修改后视图

(3) 完成后，单击工具栏上的"保存"按钮，将保存设置后的数据表。

4. 设置主关键字

【例 3.21】 为"教学管理"数据库中"学生"表设置主关键字为"学号"。

具体操作步骤如下：

(1) 在"教学管理"数据库窗口的导航窗格中用鼠标右键单击"学生"表，在弹出的快捷菜单中选择"设计"视图，在"设计"视图中打开表。

(2) 在"学号"字段上点击右键，在快捷菜单中选择"主键"，如图 3.60 所示。此时学号字段前出现一个主键标记，如果数据表的主键是由多个字段共同构成，同时选中这些字段，在选中区域的边框线上点击右键，在弹出的快捷菜单中选择"主键"即可。

图 3.60　设置主键

此外，在"设计"视图中选择要设置主键的字段后，在功能区"设计"选项卡的"工具"组中单击"主键"按钮，也可用来设置主关键字，如图 3.61 所示。

图 3.61 "主键"工具按钮

3.3.3 编辑表的内容

编辑表中内容是为了确保表中数据的准确，使所建表能够满足实际需要。编辑表中内容的操作主要包括定位记录、选择记录、添加记录、删除记录、复制数据以及修改数据等。

1. 定位记录

数据表中有了数据后，修改是经常要做的操作，其中定位和选择记录是首要的任务。常用的定位记录的方法有两种：一是使用记录号定位，二是使用快捷键定位。

【例 3.22】 将指针定位到"教学管理"数据库"学生"表的第 6 条记录上。

具体操作步骤如下：

(1) 打开"教学管理"数据库的"学生"表。

(2) 在记录定位器的记录编号框中双击编号，输入记录号"6"。

(3) 按 Enter 键，这时，光标将定位在该记录上，结果如图 3.62 所示。

学生							
学号	姓名	性别	出生日期	团员否	入校时间	入学成绩	
1401101	曾江	女	1990/10/12	☑	2014/9/1	621	
1401102	刘艳	女	1991/2/12	☑	2014/9/1	560	
1401103	王平	男	1990/5/3	☑	2014/9/1	603	
1401104	刘建军	男	1990/12/12	☐	2014/9/1	598	
1401105	李兵	男	1991/10/25	☑	2014/9/1	611	
1401106	刘华	女	1990/4/9	☐	2014/9/1	588	
1401107	张冰	男	1994/2/23	☑	2014/9/1	566	
*				■		0	

记录: ◄ 6 ► ►I ►* 无筛选器 搜索

图 3.62 定位查找记录

定位记录快捷键及其定位功能如表 3.9 所示。

表 3.9 定位记录快捷键及其定位功能

快捷键	定 位 功 能	快捷键	定 位 功 能
Tab	下一字段	Ctrl+Home	首记录的首字段
回车	下一字段	Ctrl+End	末记录的末字段
→	下一字段	↑	上一条记录的当前字段
←	上一字段	↓	下一条记录的当前字段
Home	当前记录的首字段	PgDn	下移一屏
End	当前记录的末字段	PgUp	上移一屏
Ctrl+↑	首记录的当前字段	Ctrl+PgDn	左移一屏
Ctrl+↓	末记录的当前字段	Ctrl+PgUp	右移一屏

2. 选择记录

Access 提供了两种选择记录的方法：鼠标选择和键盘选择。具体方法分别见表 3.10、3.11、3.12。

表 3.10　用鼠标选择数据范围

选取范围	选 取 方 法
选择字段中的部分数据	单击开始处，拖动鼠标指针至结尾处
选择字段中的全部数据	单击字段左边，鼠标指针变成 ✚ 形状后单击鼠标左键
选择相邻多个字段中的数据	单击第一个字段左边，鼠标指针变成 ✚ 形状后，拖动鼠标至最后一个字段结尾处
选择一列数据	单击该列字段的选定器
选择一行数据	单击该行记录的选定器

表 3.11　用鼠标选择记录范围

选取范围	选 取 方 法
选择一条记录	单击记录选定器
选择多条记录	单击首记录的记录选定器，按住鼠标左键，拖动鼠标至选定范围结尾处
选择所有记录	执行"编辑"→"选择所有记录"菜单命令

表 3.12　用键盘选择数据范围

选取范围	选 取 方 法
某一字段的部分数据	将鼠标指针移到字段开始处，按住 Shift 键的同时按下方向键至结尾处
整个字段的数据	将鼠标指针移到字段中，按下 F2 键
相邻多个字段	选择第一个字段，按住 Shift 键的同时按下方向键至结尾处。

3. 添加记录

【例 3.23】向"教学管理"数据库"学生"表中新增一条记录。

具体操作步骤如下：

(1) 打开"教学管理"数据库，双击"学生"表，打开"学生"数据表，如图 3.63 所示。

(2) 直接在表格最后一条记录的下一行输入新记录，或者单击窗口下方记录导航条上的"新增记录"按钮，鼠标指针将自动跳到新记录的第 1 个字段，输入所需数据，如图 3.64 所示。

图 3.63　插入记录前的数据表

图 3.64　插入纪录后的数据表

此外，还可以在功能区"开始"选项卡的"记录"组中单击"新建"工具按钮即可，如图 3.65 所示。

图 3.65　"新建"工具按钮

4. 删除记录

【例 3.24】　删除"教学管理"数据库"学生"表中的一条记录。

具体操作步骤如下：

(1) 打开"教学管理"数据库，双击导航窗格中的"学生"表，打开该表。

(2) 单击表最左侧的灰色区域，此时光标变成向右的黑色箭头，即可选定记录，然后单击右键，在弹出的快捷菜单中选择"删除记录"命令即可，如图 3.66 所示。

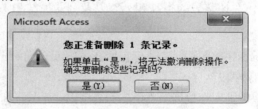

图 3.66　"删除记录"快捷命令

(3) 在弹出的"您正准备删除 1 条记录"对话框中单击"是"，选择的记录即被删除，如图 3.67 所示。删除后的记录不可恢复。

图 3.67　"删除记录"提示框

此外，还可以在功能区"开始"选项卡的"记录"组中单击"删除"工具按钮实现记录的删除操作，如图 3.68 所示。

图 3.68　"删除"工具按钮

若要删除相邻的多条记录，可以使用鼠标拖动选中多条记录，然后单击"开始"选项卡的"记录"组中"删除"工具按钮，则可删除选定的全部记录。

5. 复制数据

在输入或编辑数据时，有些数据可能相同或相似，这时可以使用复制和粘贴操作将某字段中的部分或全部数据复制到另一个字段中具体操作步骤如下：

(1) 在"数据库"窗口导航窗格中双击打开要修改数据的表。

(2) 将鼠标指针指向要复制的数据字段的最左边，在鼠标指针变为 ✚ 时单击鼠标左键，选中整个字段。如果要复制部分数据，将鼠标指针指向要复制数据的开始位置，然后拖动鼠标到结束位置，这时字段的部分数据将被选中。

(3) 单击鼠标右键，在弹出的快捷菜单中选择的"复制"命令，或单击"开始"选项卡"剪贴板"组中的"复制"按钮 📋 。

(4) 单击指定的某字段。

(5) 单击鼠标右键，在弹出的快捷菜单中选择"粘贴"命令，或单击"开始"选项卡"剪贴板"组中的"粘贴"按钮 📋 。

6. 修改数据

在已建立的表中，如果出现了错误的数据，可以对其进行修改。在"数据表"视图中修改数据的方法非常简单，只要将光标移到要修改数据的相应字段直接修改即可。修改时，可以修改整个字段的值，也可以修改字段的部分数据。如果要修改字段的部分数据可以先将要修改部分的数据删除，然后再输入新的数据；也可以先输入新数据，再删除要修改部分的数据。

3.3.4 调整表的外观

调整表的结构和外观是为了使表看上去更清楚、美观。调整表操作包括改变字段次序、设置数据字体和背景颜色、调整表的行高和列宽以及列的冻结和隐藏等。

1. 改变字段次序

在缺省设置下，Access 中的字段次序与它们在表中或查询中出现的次序相同，但有时因为显示需要，必须调整字段次序。

【例 3.25】 将"教学管理"数据库"学生"表中的"学号"和"姓名"字段位置互换。

具体操作步骤如下：

(1) 打开"教学管理"数据库"学生"表。

(2) 鼠标单击"学号"字段名选中整列，如图 3.69 所示。

(3) 按下鼠标左键，将"学号"列拖动至"姓名"列的右边，释放左键，如图 3.70 所示。

图 3.69　选择列　　　　　　　　图 3.70　改变字段显示次序结果

2. 调整字段显示高度

在表中，有时由于数据过长或数据设置字号过大，数据显示不完整。为了能够完整地显示字段中的全部数据，可以调整字段显示的宽度或高度。调整字段显示高度有两种方法，即使用鼠标和菜单命令。

使用鼠标调整字段显示高度的操作步骤如下：

(1) 在"数据库"窗口中双击打开所需的表。

(2) 将鼠标指针放在表中任意两行选定器之间，这时鼠标指针变为双箭头。

(3) 按住鼠标左键，拖动鼠标上、下移动，当调整到所需高度时，松开鼠标左键。

使用菜单命令，步骤操作如下：

(1) 在"数据库"窗口中双击打开所需的表。

(2) 单击记录选定器选中任意一行记录。

(3) 单击鼠标右键，在弹出的快捷菜单中选择的"行高"命令，这时屏幕上出现"行高"对话框。

(4) 在该对话框的"行高"文本框内输入所需的行高值，如图 3.71 所示。

图 3.71　设置行高

(5) 单击"确定"按钮。

改变行高后，整个表的行高都得到了调整。

3. 调整字段显示列宽

与调整字段显示高度的操作一样，调整宽度也有两种方法，即使用鼠标和菜单命令。使用鼠标调整时，首先将鼠标指针放在要改变宽度的两列字段名中间，当鼠标指针变为双箭头时，按住鼠标左键并拖动鼠标左、右移动，当调整到所需宽度时，松开鼠标左键。在拖动字段右边的分隔线时，如果将分隔线拖动到下一个字段列的右边界或超过右边界，将会隐藏该列。

使用菜单命令调整时，先选择要改变宽度的字段列，然后在该列上单击鼠标右键，在弹出的快捷菜单中选择"字段宽度"命令，并在打开的"列宽"对话框中输入所需的列宽，单击"确定"按钮。如果在"列宽"对话框中输入值为"0"，则会将该字段列隐藏。

重新设定列宽不会改变表中字段的"字段大小"属性所允许的字符数，它只是简单地改变字段列所包含数据的显示宽度。

4. 隐藏列和显示列

隐藏列就是隐藏暂时不需要的列，主要目的是使有用的数据更突出显示。

【例 3.26】　隐藏"教学管理"数据库"学生"表中的"学号"列。

具体操作步骤如下：

(1) 打开"教学管理"数据库，在导航窗格中双击"学生"表，打开"学生"数据表。

(2) 单击"学号"字段选定器选定"学号"字段列。

(3) 在该列上单击鼠标右键，在快捷菜单中选择"隐藏字段"命令，如图 3.72 所示，此时选中的"学号"字段列将被隐藏。

图 3.72　隐藏列

【例 3.27】　显示"教学管理"数据库"学生"表中的"学号"列。

具体操作步骤如下：

(1) 打开"教学管理"数据库，在导航窗格中双击"学生"表，打开"学生"数据表。

(2) 在任意字段的字段名处单击鼠标右键，在快捷菜单中选择"取消隐藏字段"命令，弹出"取消隐藏列"对话框，如图 3.73 所示。

图 3.73　"取消隐藏列"对话框

(3) 勾选"学号"复选框，单击"关闭"按钮，此时隐藏的"学号"列就会显示出来。

5. 冻结列

在实际应用中，有时候会遇到由于表过宽而使某些字段值无法全部显示的情况，此时，应用"冻结列"功能即可解决这一问题。不论水平滚动条如何移动，冻结的列总是可见的。

【例 3.28】　冻结"教学管理"数据库"学生"表中的"姓名"列。

具体操作步骤如下：

(1) 打开"教学管理"数据库，在导航窗格中双击"学生"表，打开"学生"数据表。

(2) 选定要冻结的"姓名"列，单击鼠标右键，在快捷菜单中选择"冻结字段"命令，如图 3.74 所示。

(3) 若要取消冻结，单击鼠标右键，在快捷菜单中选择"取消冻结所有字段"命令。

图 3.74 冻结字段

6. 设置数据表格式

在数据表视图中，一般在水平方向和垂直方向都显示网格线，网络线采用银色，背景采用白色。使用者可以改变单元格的显示效果，也可以选择网格线的显示方式和颜色、表格的背景颜色等。

【例 3.29】 设置"教学管理"数据库"学生"表单元格效果为"平面"，背景颜色为"浅蓝色"，替代背景色为"白色"，网格线颜色为"黄色"，其他各项选用默认样式。

具体操作步骤如下：

(1) 打开"教学管理"数据库"学生"表。

(2) 单击"开始"选项卡中的"文本格式"组右下角的小箭头，如图 3.75 所示，即可打开"设置数据表格式"对话框，按照图 3.76 所示进行设置。

(3) 单击"确定"按钮，"学生"表格式如图 3.77 所示。

图 3.75 "设置数据表格式"按钮

图 3.76 设置数据表格式图

姓名	学号	性别	出生日期
曾江	1401101	女	1990/10/12
刘艳	1401102	女	1991/2/12
王平	1401103	男	1990/5/3
刘建军	1401104	男	1990/12/12
李兵	1401105	男	1991/10/25
刘华	1401106	女	1990/4/9
张冰	1401107	男	1994/2/23
周玲	1401108	女	1994/12/11

图 3.77 设置后的"学生"表

7. 改变字体显示

改变数据表中的数据字体可以使数据显示更加美观、醒目。

【例 3.30】 设置“教学管理”数据库的“课程”表中的字为隶书、20 号字、蓝色。

具体操作步骤如下：

(1) 打开“教学管理”数据库“课程”表。

(2) 在“开始”选项卡中的“文本格式”组中进行字体、字号、颜色的设置，如图 3.78 所示。

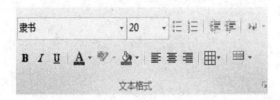

图 3.78 设置字体属性

(3) 单击“确定”按钮，设置完成后的“课程”表如图 3.79 所示。

课程编号	课程名称	学时	学分	课程性质
001	大学计算机基础	40	2	必修课
002	C语言程序设计	50	3	必修课
003	数据库技术与应用	50	3	必修课
004	多媒体计算机技术	32	2	选修课
005	计算机原理	70	3	选修课
006	编译原理	70	3	选修课

图 3.79 设置后的“课程”表

3.4 表 的 操 作

在数据库和表的使用中会涉及数据的查找、排序、筛选等操作，这些操作在 Access 中很容易完成。本节将详细介绍在表中查找数据、替换数据、排序数据、筛选数据等操作。

3.4.1 查找数据

在操作数据库的表时，如果表中存放的数据非常多，那么当用户想查找某一数据时就比较困难，Access 提供了非常方便的查找功能，使用它可以快速地找到所需要的数据。

1. 查找指定内容

前面已经介绍了定位记录，这种查找记录的方法十分简单，但是在大多数情况下，用户在查找数据之前并不知道所要查找数据的记录号和位置，因此，这种方法并不能满足更多的查询要求。此时，可以使用“查找”对话框来进行数据的查找。

【例 3.31】 查找“学生”表中“性别”为“男”的学生记录。

具体操作步骤如下：

(1) 打开"教学管理"数据库中的"学生"表。

(2) 单击"性别"字段选定器选定"性别"字段。

(3) 在该字段单击鼠标右键，在弹出的快捷菜单中选择"查找"命令，或者在"开始"选项卡中的"查找"组中点击"查找"按钮，屏幕将显示"查找和替换"对话框。

(4) 在"查找内容"框中输入"男"，其他部分选项如图 3.80 所示。

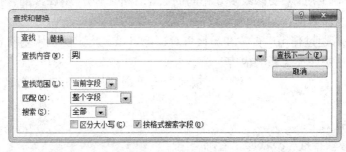

图 3.80　"查找和替换"对话框之"查找"选项卡

在设置"查找范围"时，如果需要可以在"查找范围"下拉列表框中选择"整个表"作为查找的范围。"查找范围"下拉列表中所包括的字段为在进行查找之前控制光标所在的字段。在"匹配"下拉列表中还有一些其他的匹配选项，如"字段任何部分"、"字段开头"等。

(5) 单击"查找下一个"按钮，这时将查找下一个指定的内容，Access 将反白显示找到的数据。连续单击"查找下一个"按钮，可以将全部指定的内容查找出来。

(6) 单击"取消"按钮结束查找。

2. 查找空值或空字符串

【例 3.32】　查找"学生"表中姓名字段为空值的记录。

具体操作步骤如下：

(1) 打开"教学管理"数据库"学生"表。

(2) 单击"姓名"字段选定器选定"姓名"字段。

(3) 在该字段单击鼠标右键，在弹出的快捷菜单中选择"查找"命令，或者在"开始"选项卡中的"查找"组中点击"查找"按钮，屏幕显示"查找和替换"对话框。

(4) 在"查找内容"框中输入"Null"。

(5) 单击"匹配"框右侧的向下箭头按钮，并从弹出的列表中选择"整个字段"。

(6) 确保"按格式搜索字段"复选框未被选中，在"搜索"框中选择"向上"或"向下"，如图 3.81 所示。

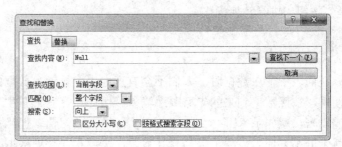

图 3.81　"查找"对话框

(7) 单击"查找下一个"按钮，找到后记录选定器指针将指向相应的记录。

如果要查找空字符串，只需将步骤(4)中的输入内容改为不包含空格的双引号("")即可。

3.4.2 替换数据

在操作数据库时，如果要修改多处相同的数据，可以使用 Access 的替换功能自动将查找到的数据更新为新数据。

在 Access 中，通过使用"查找和替换"对话框可以在指定的范围内将指定查找内容的所有记录或某些记录替换为新的内容。

【例 3.33】 查找"教师"表中"职称"为"副教授"的所有记录，并将其值改为"讲师"。

具体操作步骤如下：

(1) 打开"教学管理"数据库"教师"表。

(2) 单击"职称"字段选定器选定"职称"字段。

(3) 在"开始"选项卡中的"查找"组中点击"替换"按钮，这时屏幕上显示"查找和替换"对话框。

(4) 在"查找内容"框中输入"副教授"，然后在"替换为"框中输入"讲师"。

(5) 在"查找范围"框中确保选中当前字段，在"匹配"框中确保选中"整个字段"，如图 3.82 所示。

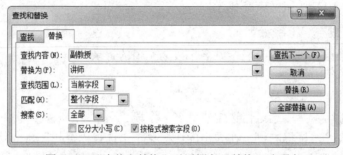

图 3.82 "查找和替换"对话框之"替换"选项卡

(6) 如果一次替换一个，单击"查找下一个"按钮，找到后单击"替换"按钮；如果不替换当前找到的内容，则继续单击"查找下一个"按钮；如果要一次替换出现的全部指定内容，则单击"全部替换"按钮。单击"全部替换"按钮后，这时屏幕将显示一个提示框，要求用户确认是否要完成替换操作。

(7) 单击"是"按钮，进行替换操作。

3.4.3 排序记录

一般情况下，在向表中输入数据时，人们不会有意地去安排输入数据的先后顺序，而只考虑输入的方便性，按照数据到来的先后顺序输入。例如，在登记学生选课成绩时，哪一个学生的成绩先出来，就先录入哪一个，这符合实际情况和习惯。但当从这些数据中查找所需的数据时就十分不方便了。为了提高查找效率，需要重新整理数据，对此最有效的方法是对数据进行排序。

1. 排序规则

排序是根据当前表中的一个或多个字段的值对整个表中的所有记录进行重新排列。排序时可按升序也可按降序。排序记录时，字段类型不同，排序规则也有所不同，具体规则如下：

(1) 英文按字母顺序排序，大、小写视为相同。升序时按 A 到 Z 排序，降序时按 Z 到 A 排序。

(2) 中文按拼音字母的顺序排序。升序时按 A 到 Z 排序，降序时按 Z 到 A 排序。

(3) 数字按数字的大小排序。升序时从小到大排序，降序时从大到小排序。

(4) 日期和时间字段按时间的先后顺序排序。升序时按从前到后的顺序排序，降序时按从后向前的顺序排序。

排序时要注意以下几点：

(1) 对于文本型字段，如果它的取值有数字，那么 Access 将数字视为字符串。因此，排序时按照 ASCII 码值的大小来排序，而不是按照数值本身的大小来排序。如果希望按其数值大小排序，应在较短的数字前面加上零。例如，文本字符串"5"、"6"、"12"按升序排列，排序结果将是"12"、"5"、"6"，这是因为"1"的 ASCII 码值小于"5"的 ASCII 码值。但若要想按其数值大小实现升序排序，应将 3 个字符串改为"05"、"06"、"12"。

(2) 按升序排列字段时，如果字段的值为空值，则将包含空值的记录排列在第一条。

(3) 数据类型为备注、超级链接或 OLE 对象的字段不能排序。

(4) 排序后排序次序将与表一起保存。

2. 单级排序

单级排序即按一个字段排序记录，待排序的表应该先用"数据表"视图打开，在 Access2010 中单级排序主要靠排序菜单项，共有三种方式可以实现。

【例 3.34】　在"学生"表中按"学生编号"升序排列。

方法一：使用功能区的排序菜单项

具体步骤如下：

(1) 打开"教学管理"数据库"学生"表。

(2) 单击"学生编号"字段所在的列。

(3) 选择功能区的"开始"选项卡，在"排序和筛选"组中选择"升序"按钮 ，排序结果如图 3.83 所示。

学号	姓名	性别	出生日期	团员否
1401101	曾江	女	1990/10/12	☑
1401102	刘艳	女	1991/2/12	☐
1401103	王平	男	1990/5/3	☑
1401104	刘建军	男	1990/12/12	☐
1401105	李兵	男	1991/10/25	☑
1401106	刘华	女	1990/4/9	☐
1401107	张冰	男	1994/2/23	☑
1401108	周玲	女	1994/12/11	☑
*				☑

图 3.83　按一个字段排序

执行上述操作后，就可以改变表中原有的排列次序，而变为新的次序。保存表时将同时保存排序次序。

方法二：使用筛选器菜单

具体步骤如下：

(1) 打开"教学管理"数据库"学生"表。

(2) 单击"学号"字段选定器选中该列。

(3) 单击"学号"字段名右侧的黑色箭头，或者选择功能区的"开始"选项卡，在"排序和筛选"组中选择"筛选器"按钮 🔽，在弹出的"筛选器"菜单中选择"升序"按钮 🔼，如图 3.84 所示。

图 3.84　"筛选器"菜单

方法三：使用字段名快捷菜单

具体步骤如下：

(1) 打开"教学管理"数据库"学生"表。

(2) 右键单击"学号"字段名位置，将弹出快捷菜单，如图 3.85 所示。

(3) 在该快捷菜单中选择"升序"按钮 🔼 即可。

图 3.85　字段名快捷菜单

3. 多级排序

在 Access 中，不仅可以按一个字段排序记录，也可以按多个字段排序记录。按多个字段排序也叫多级排序，Access 首先根据第一个字段指定的顺序进行排序，当第一个字段具有相同的值时，Access 再按照第二个字段进行排序，以此类推，直到按全部指定的字段排好序为止。

在 Access2010 中，对数据表进行多级排序主要依靠"高级筛选/排序"选项完成，待排序的表应首先用"数据表"视图打开。

【例 3.35】 在"学生"表中先按"性别"实现升序排列，再按"出生日期"实现降序排列。

具体操作步骤如下：

(1) 打开"教学管理"数据库"学生"表。

(2) 选择功能区的"开始"选项卡，在"排序和筛选"组中单击"高级"按钮右侧的下拉按钮，并选择"高级筛选/排序"下拉项。

(3) 主窗口中出现名为"学生筛选 1"的窗口，"学生筛选 1"窗口分为上、下两部分。上半部分显示了被打开表的字段列表，下半部分是设计网格，用来指定排序字段、排序方式和排序条件。

在窗口下方网格的"字段"栏中按顺序选择用于排序的"性别"和"出生日期"字段，并在对应的"排序"栏中按顺序选择"升序"、"降序"排序，"学生筛选 1"窗口如图 3.86所示。

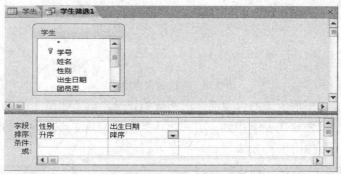

图 3.86 "学生筛选 1"窗口

(4) 在"排序和筛选"组中单击"切换筛选"按钮，得到的排序结果如图 3.87 所示。

学号	姓名	性别	出生日期	团员否
1401107	张冰	男	1994/2/23	☑
1401105	李兵	男	1991/10/25	☑
1401104	刘建军	男	1990/12/12	☐
1401103	王平	男	1990/5/3	☑
1401108	周玲	女	1994/12/11	☑
1401102	刘艳	女	1991/2/12	☐
1401101	曾江	女	1990/10/12	☑
1401106	刘华	女	1990/4/9	☐
*				☑

图 3.87 在"数据表"视图中多级排序

从结果可以看出，Access 先按"性别"升序排序，在性别相同的情况下再按"出生日期"降序排序。

若要取消对记录的排序，可以使用"排序和筛选"组中的"取消排序"按钮 即可。

3.4.4 筛选记录

筛选记录是指在众多的记录中只显示那些满足某种条件的数据记录而把其他记录隐藏

起来。Access2010 提供了 4 种筛选记录的方法:"按选定内容筛选"、"按窗体筛选"、"使用筛选器筛选"和"高级筛选"。

1. 按选定内容筛选

按选定内容筛选是一种简单的筛选方法,使用它可以十分容易地筛选出所需要的记录。

【例 3.36】 在"学生"表中筛选出性别为"男"的学生。

具体操作步骤如下:

(1) 打开"教学管理"数据库"学生"表。

(2) 在"性别"字段列中直接找到"男"并选中,也可以用"查找"的方式找到该值。

(3) 右键单击该单元格,在弹出的快捷菜单中选择等于"男"命令,如图 3.88 所示。

图 3.88 按选定内容筛选

这时,Access 将根据所选的内容筛选出相应的记录,结果如图 3.89 所示。使用"按选定内容筛选"时,首先要在表中找到一个在筛选产生的记录中必须包含的值,如果这个值不容易找,最好不要使用这种方法。

学号	姓名	性别	出生日期	团员否	入校时间	入学成绩
1401107	张冰	男	1994/2/23	☑	2014/9 /1	566
1401105	李兵	男	1991/10/25	☑	2014/9 /1	611
1401104	刘建军	男	1990/12/12	☐	2014/9 /1	598
1401103	王平	男	1990/5/3	☑	2014/9 /1	603

图 3.89 按选定内容筛选结果

在筛选状态下点击"排序和筛选"组中的"切换筛选"按钮 ,即可取消筛选。若在非筛选状态下点击该按钮,则是应用筛选。

2. 按窗体筛选

"按窗体筛选"是一种快速的筛选方法,使用它不需要浏览整个数据表的记录,而且可以同时对两个以上的字段值进行筛选。按窗体筛选记录时,Access 将数据表变成一个记录,并且每个字段是一个下拉列表框,用户可以从每个下拉列表框中选取一个值作为筛选的内容。如果选择两个以上的值,还可以通过窗体底部的"或"字来确定两个字段值之间的关系。

【例 3.37】 将"学生"表中男生团员筛选出来。

具体操作步骤如下:

(1) 在数据表视图中打开"教学管理"数据库的"学生"表,选择功能区的"开始"

选项卡。

(2) 在"排序和筛选"组中单击"高级"按钮右侧的下拉按钮，并选择"  按窗体筛选"下拉项切换到"学生：按窗体筛选"窗口，如图 3.90 所示。

图 3.90　"学生：按窗体筛选"窗口

(3) 单击"性别"字段，并单击右侧向下箭头按钮，从下拉列表中选择"男"。

(4) 单击"团员否"字段中的复选框，如图 3.90 所示。

(5) 点击"排序和筛选"组中的"切换筛选"按钮 应用筛选，结果如图 3.91 所示。

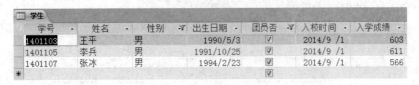

图 3.91　按窗体筛选结果

3. 使用筛选器筛选

筛选器提供了一种灵活的筛选方式，把所选定字段列中所有不重复值以列表显示出来，用户可以逐个选择需要的筛选内容。除了 OLE 对象和附加字段外，所有字段类型都可以应用筛选器筛选。具体的筛选列表取决于所选字段的数据类型和值。

【例 3.38】　在"选课"表中筛选出学号为"1401102"的学生的选课记录。

具体操作步骤如下：

(1) 在数据表视图中打开"教学管理"数据库中的"选课"表。

(2) 单击"学号"字段的字段名选中该字段。

(3) 选择功能区的"开始"选项卡，在"排序和筛选"组中单击"筛选器"按钮，弹出如图 3.92 所示的"筛选器"菜单，在该菜单中仅勾选"1401102"前的复选框。

图 3.92　利用"筛选器"菜单完成筛选

(4) 点击"确定"按钮。这样，便可获得所需的记录，如图 3.93 所示。

选课				
选课ID ▾	学号 ▾	课程编号 ▾	成绩 ▾	单击以添加 ▾
5	1401102	001	58	
6	1401102	002	74	
7	1401102	003	89	
8	1401102	004	76	

图 3.93 利用"筛选器"筛选的结果

Access2010 还按照数据类型提供了文本、日期和数字三种筛选器,筛选器的选项根据数据类型自动变化。因此,当用户选定了要设置筛选条件的字段时,可以在筛选器中看到符合数据类型信息选项的级联菜单。在图 3.92 中可以看到符合学号字段的"文本筛选器"级联菜单项。三种数据类型筛选器的选项如表 3.13 所示。

表 3.13 三种数据类型筛选器的选项

筛选器类型	文本筛选器	日期筛选器	数字筛选器
筛选器选项	等于	等于	等于
	不等于	不等于	不等于
	开头是	之前	大于
	开头不是	之后	小于
	包含	期间	期间
	不包含	期间的所有日期	
	结尾是		
	结尾不是		

【例 3.39】 在"选课"表中筛选 60 分以下的学生。

具体操作步骤如下:

(1) 打开"教学管理"数据库中的"选课"表。

(2) 单击"成绩"字段名选定成绩字段。

(3) 选择功能区的"开始"选项卡,在"排序和筛选"组中单击"筛选器"按钮,或者单击成绩字段右边的黑色箭头,均可弹出"筛选器"菜单。

(4) 在"筛选器"菜单的级联菜单"数字筛选器"中选择"小于",如图 3.94 所示。

图 3.94 筛选器菜单

(3) 此时弹出"自定义筛选"对话框。在该对话框的"成绩小于或等于"文本框中输入"59",如图 3.95 所示。

图 3.95 自定义筛选对话框

(4) 点击"确定"按钮完成筛选,筛选结果如图 3.96 所示。

选课ID	学号	课程编号	成绩	单击以添加
5	1401102	001	58	
9	1401103	002	54	
10	1401103	003	50	

图 3.96 利用"筛选器"筛选的结果

4. 高级筛选

当筛选条件复杂时,使用 Access 提供的高级筛选功能。高级筛选实际上就是按窗体筛选的功能集成在同一个窗口中的操作。

【例 3.40】 查找职称是"副教授"的男教师,并按"姓名"升序排序。

具体操作步骤如下:

(1) 在数据表视图中打开"教学管理"数据库中的"教师"表。

(2) 在"排序和筛选"组中选择"高级"下拉按钮中的"高级筛选/排序"命令。

(3) 主窗口中出现名为"教师筛选 1"的窗口,在窗口下方网格的"字段"栏中分别选择"姓名"、"性别"、"职称"。

(4) 在"性别"的"条件"单元格中输入筛选条件为"男";在"职称"的"条件"单元格中输入条件为"副教授"。

(5) 单击"姓名"的"排序"单元格,并单击右侧向下箭头按钮,然后从弹出的列表中选择"升序",设置结果如图 3.97 所示。

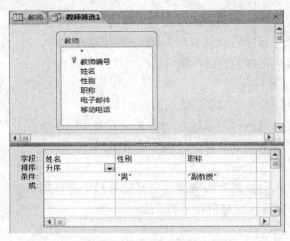

图 3.97 设置筛选条件和排序方式

(6) 在“排序和筛选”组中选择“切换筛选”按钮执行筛选，筛选结果如图 3.98 所示。

教师　教师筛选1

教师编号	姓名	性别	职称	电话
TY107	程前	男	副教授	25789654
TY102	李华	男	副教授	89369871
TY106	刘东	男	副教授	56987452
*				

图 3.98　“高级筛选”的结果

本章小结

在使用 Access 组织、存储和管理数据时，应先创建数据库，然后在该数据库中创建所需的数据库对象。Access2010 创建数据库的方法有两种：一是先建立一个空白数据库，然后向其中添加表、查询、窗体和报表等对象；二是利用 Access2010 本地模板或 Office.com 的模板创建数据库。创建数据库的结果是在磁盘上生成一个扩展名为 .accdb 的数据库文件。

表是 Access2010 数据库中最基本的对象，是具有某个相同主题的有结构的数据集合。Access 表由表结构和表内容两部分构成。数据库中的每个表都不是完全孤立的，表与表之间可能有某些相互联系，因此需要建立关系。表之间的关系分为一对一、一对多和多对多三种。

习　题

一、选择题

1. Access2010 表中字段的数据类型不包括(　　)。

A. 文本　　B. 备注　　C. 通用　　D. 日期/时间

2. 有关字段属性的以下叙述错误的是(　　)。

A. 字段大小可用于设置文本、数字或自动编号等类型字段的最大容量

B. 可对任意类型的字段设置默认值属性

C. 有效性规则属性是用于限制此字段输入值的表达式

D. 不同的字段类型其字段属性有所不同

3. 必须输入 0 到 9 的数字的输入掩码是(　　)。

A. 0　　B. #　　C. A　　D. C

4. 以下关于货币数据类型的叙述错误的是(　　)。

A. 向货币字段输入数据时，系统自动将其设置为 4 位小数

B. 可以和数值型数据混合计算，结果为货币型

C. 字段长度是 8 字节

D. 向货币字段输入数据时，不必键入美元符号和千位分隔符

5. 必须输入任一字符或空格的输入掩码是(　　)。

A. 0　　B. #　　C. A　　D. C

二、填空题

1. Access 数据库中，表与表之间的关系分为_____、_____和_____三种。

2. Access 使用"参照完整性"来控制_____的规则。

3. 在 Access2010 中数据类型主要包括自动编号、_____、备注、_____、日期/时间、_____、_____、OLE 对象、_____和查阅向导等。

4. 能够唯一标识表中每条记录的字段称为_____。

三、问答题

1. Access2010 提供的数据类型有哪些？

2. 为什么要冻结列？怎样冻结列？

3. 筛选记录的方法有哪几种，各自的特点是什么？

第4章 查 询

问题：

1. 什么是查询？
2. 查询有哪些功能？
3. 如何创建查询？

引例：

"学生选课成绩"查询

查询是数据库处理和分析数据的工具，是在指定的(一个或多个)表中，根据给定的条件从中筛选出所需要的信息，供使用者查看、更改和分析使用。为了使读者更好地了解Access的查询功能，学会创建和使用查询的方法，本章将详细介绍查询的基本操作，包括查询的创建和使用。

4.1 查 询 概 述

在Access中，任何时候都可以从已经建立的数据库表中按照一定条件筛选出所需记录的操作即为查询。它是Access数据库的一个重要对象，通过查询可筛选出符合条件的记录，构成一个新的数据集合。查询的结果可以作为数据库中其他对象的数据源。实质上，查询中所存放的是如何取得数据的方法和定义，因此说查询是操作的集合。

4.1.1 查询的功能

查询是数据库提供的一组功能强大的数据管理工具，可以对表中的数据进行统计、分类和计算等。查询结果可以作为窗体、报表和数据访问页等的数据源。

查询的基本功能如下：

(1) 通过条件查看、搜索和分析数据。利用这一功能可以选择显示表中的某些字段，如建立一个查询，只显示"学生"表中的"学号"、"姓名"、"性别"和"入学成绩"。

(2) 对表中数据进行编辑。编辑主要是指追加记录、删除记录、更改记录，如将"C语言程序设计"课程不及格的学生从"学生"表中删除。

(3) 对表中数据进行筛选、排序、汇总和计算。例如计算"选课"表中每门课程的平均成绩。

(4) 为其他对象提供数据来源。可以将查询结果作为报表或者窗体等的数据源。

(5) 对一个和多个表中获取的数据进行连接。

4.1.2 查询的类型

在 Access 中，根据对数据源操作方式和操作结果的不同，可以把查询分为 5 种：选择查询、交叉表查询、参数查询、操作查询和 SQL 查询。

1. 选择查询

选择查询是最常用的，也是最基本的查询类型。它可以从一个或多个表中通过指定的查询条件获取数据，并且按照顺序在数据表中显示数据。使用选择查询还可以对记录进行分组，并且对记录作总计、计数、平均值及其他类型的总和计算。

选择查询能够使用户看到自己所需的记录。执行一个选择查询时，需要从指定的数据库表中搜索数据，这里指定的数据库表可以是一个表或多个表，也可以是一个查询。查询的结果是一组数据记录，即动态集。

2. 交叉表查询

使用交叉表查询能够以行列的格式分组和汇总数据。交叉表查询可以在类似于电子表格的格式中显示来源于表中某个字段的合计值、平均值等，并将这些数据分组，一组列在数据表的左侧，另一组列在数据表的上部。

3. 参数查询

参数查询是一种交互式查询。在执行时，显示对话框来提示用户输入查询条件，然后根据输入的条件来检索记录。

4. 操作查询

操作查询是指在一个操作中可以对多条记录进行更改或移动的查询。操作查询包括生成表查询、更新查询、追加查询和删除查询 4 种。

(1) 生成表查询：生成表查询利用一个或者多个表中的全部或部分数据建立新表，主要用于创建表的备份等。

(2) 更新查询：更新查询可以对一个或多个表中的一组记录进行更改。使用更新查询可以更改现有表中的数据。

(3) 追加查询：追加查询可以将一个或多个表中的记录追加到其他一个或多个表的末尾。

(4) 删除查询：删除查询可以将一个或者多个表中的记录删除。

5. SQL 查询

SQL(结构化查询语言)查询是指使用 SQL 语句创建的查询。

有一些特定的查询无法使用查询设计视图进行创建，而必须使用 SQL 语句创建。这类查询包括联合查询、传递查询、数据定义查询和子查询等。

4.1.3 建立查询的条件

查询条件指对查询的记录设置条件，依此限制查询的范围，其条件表达式由运算符、文字、标识符和函数等组成。

1. 运算符

运算符是组成条件的基本元素。Access 提供了关系运算符、逻辑运算符和特殊运算符。3 种运算符及其含义如表 4.1、表 4.2 和表 4.3 所示。

表 4.1　关系运算符及含义

关系运算符	说　明
=	等于
<>	不等于
<	小于
<=	小于等于
>	大于
>=	大于等于

表 4.2　逻辑运算符及含义

逻辑运算符	说　明
Not	当 Not 连接的表达式为真时，整个表达式为假
And	当 And 连接的表达式均为真时，整个表达式为真，否则为假
Or	当 Or 连接的表达式有一个为真时，整个表达式为真，否则为假

表 4.3　特殊运算符及含义

特殊运算符	说　明
In	用于指定一个字段值的列表，列表中的任意一个值都可与查询的字段相匹配
Between	用于指定一个字段值的范围。指定的范围之间用 And 连接
Like	用于指定查找文本字段的字符模式。在所定义的字符模式中，用"?"表示该位置可匹配任何一个字符；用"*"表示该位置可匹配零或多个字符；用"#"表示该位置可匹配一个数字；用方括号描述一个范围，用于可匹配的字符范围
Is Null	用于指定一个字段为空
Is Not Null	用于指定一个字段为非空

2. 文字

Access 有 3 种类型的文字，包括数字文字、文本和日期/时间文字。

(1) 数字文字：带减号的为负值，其他的为正值，如 20、−10、0 等。

(2) 文本：在 Access 表达式中，需将文本内容包含在双引号之中。

(3) 日期/时间文字：必须用"#"号作为前后分界符。例如，2007-12-30 在 Access 表达式中为 #2007-12-30#。

3. 标识符

Access 中有 5 个预定义的标识符：True、False、Yes、No 和 Null。

4. 函数

Access 中常用函数及功能如表 4.4～表 4.7 所示。

表 4.4　数值函数说明

函　数	说　明
Abs(数值表达式)	返回数值表达式值的绝对值
Int(数值表达式)	返回数值表达式值的整数部分值
Sqr(数值表达式)	返回数值表达式值的平方根值
Sgn(数值表达式)	返回数值表达式值的符号值。当数值表达式值大于 0 时，返回值为 1；当数值表达式值等于 0 时，返回值为 0；当数值表达式值小于 0 时，返回值为-1

表 4.5　字符函数说明

函　数	说　明
Space(数值表达)	返回由数值表达式的值确定的空格个数组成的空字符串
String(数值表达式，字符表达式)	返回一个由字符表达式的第 1 个字符重复组成的指定长度为数值表达式值的字符串
Left(字符表达式，数值表达式)	返回一个值，该值是从字符表达式左侧第 1 个字符开始截取的若干个字符。其中，字符个数是数值表达式的值。当字符表达式是 Null 时，返回 Null 值；当数值表达式值为 0 时，返回一个空串；当数值表达式值大于或等于字符表达式的字符个数时，返回字符表达式
Right(字符表达式，数值表达式)	返回一个值，该值是从字符表达式右侧第 1 个字符开始截取的若干个字符。其中，字符个数是数值表达式的值。当字符表达式是 Null 时，返回 Null 值；当数值表达式值为 0 时，返回一个空串；当数值表达式值大于或等于字符表达式的字符个数时，返回字符表达式
Len(字符表达式)	返回字符表达式的字符个数，当字符表达式是 Null 值时，返回 Null 值
Ltrim(字符表达式)	返回去掉字符表达式前导空格的字符串
Rtrim(字符表达式)	返回去掉字符表达式尾部空格的字符串
Trim(字符表达式)	返回去掉字符表达式前导和尾部空格的字符串
Mid(字符表达式，数值表达式 1[，数值表达式 2])	返回一个值，该值是从字符表达式最左端某个字符开始，截取到某个字符为止的若干个字符。其中，数值表达式 1 的值是开始的字符位置，数值表达式 2 是终止的字符位置；数值表达式 2 可以省略，若省略了数值表达式 2，则返回的值是从字符表达式最左端某个字符开始，截取到最后一个字符为止的若干个字符

表 4.6　统计函数说明

函　数	说　明
Sum(字符表达式)	返回字符表达式值的总和。字符表达式可以是一个字段，也可以是一个含有字段名的表达式，但所含字段应该是数字类型的字段
Avg(字符表达式)	返回字符表达式值的平均值。字符表达式可以是一个字段名，也可以是一个含字段名的表达式，但所含字段应该是数字类型的字段
Count(字符表达式)	返回字符表达式值的个数，即统计记录个数。字符表达式可以是一个字段名，也可以是一个含字段名的表达式，但所含字段应该是数字类型的字段
Max(字符表达式)	返回字符表达式值中的最大值。字符表达式可以是一个字段名，也可以是一个含字段名的表达式，但所含字段应该是数字类型的字段
Min(字符表达式)	返回字符表达式值中的最小值。字符表达式可以是一个字段名，也可以是一个含字段名的表达式，但所含字段应该是数字类型的字段

表 4.7　日期时间函数说明

函　　数	说　　明
Day(date)	返回给定日期 1～31 的值，表示给定日期是一个月中的哪一天
Month(date)	返回给定日期 1～12 的值，表示给定日期是一年中的哪个月
Year(date)	返回给定日期 100～9999 的值，表示给定日期是哪一年
Weekday(date)	返回给定日期 1～7 的值，表示给定日期是一周中的哪一天
Hour(date)	返回给定小时 0～23 的值，表示给定时间是一天中的哪个钟点
Date()	返回当前系统日期

5. 应用示例

应用示例如表 4.8 所示。

表 4.8　条件表达式应用示例

序号	示　　例	应用字段	条件表达式
1	查询职称为教授的记录	职称	"教授"
2	查询职称为教授或副教授的记录	职称	"教授" or "副教授"
3	查询课程名称以"计算机"开头的记录	课程名称	Like "计算机*"
4	查询姓名为李冰或王平的记录	姓名	In("李冰","王平")或李冰 Or "王平"
5	查询姓名不是李冰的记录	姓名	Not like "李冰"
6	查询不姓王的记录	姓名	Not like "王*"
7	查询姓王的记录	姓名	Left([姓名],1)= "王"
8	查询姓名为两个字的记录	姓名	Len([姓名])<=2
9	查询表中姓名为 Null(空值)的记录	姓名	Is Null
10	查询表中没有联系电话的记录	联系电话	""
11	查询学生编号第 3 个和第 4 个字符为 03 的记录	学生编号	Mid([学生编号],3,2)= "03"
12	查询 1997 年出生的学生	出生日期	Between #97-01-01#And#97-12-31#
13	查询 15 天前入学的记录	入学时间	<Date()-15
14	查询 20 天之内入学的记录	入学时间	Between Date() And Date()-20
15	查询 1996 年出生的学生记录	出生日期	Year([出生日期])=1996
16	查询 2014 年 9 月入学的记录	入学时间	Year([入学时间])=2014 And Month([入学时间])=9

4.2　创　建　查　询

　　Access 提供了多种创建查询的方法，可以简单、快速地根据用户需求创建查询，并且创建的是能单独执行的查询，或是作为多个窗体或者报表的基础查询。创建好查询后，还可以切换到"设计"视图进一步修改查询。本节重点介绍利用查询向导创建查询和利用"设计"视图创建查询的步骤。

4.2.1 使用简单查询向导创建查询

使用向导建立查询是一种最简单的创建查询的方法，用户可以在向导的指示下选择表和表中字段。使用简单查询向导可以依据单个表创建查询，也可以依据多个表创建查询。

1. 从单个表中查询所需的信息

【例 4.1】 使用查询向导并显示"学生"表中的"学号"、"姓名"、"性别"和"出生日期"4 个字段。

具体操作步骤如下：

(1) 打开"教学管理"数据库，如图 4.1 所示。

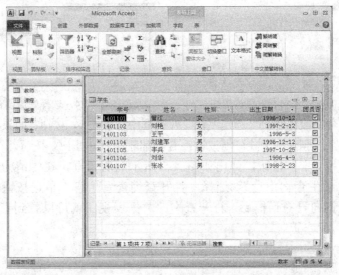

图 4.1 打开"教学管理"数据库

(2) 在"创建"选项卡的"查询"组上，单击"查询向导"命令，打开"新建查询"对话框，如图 4.2 所示。

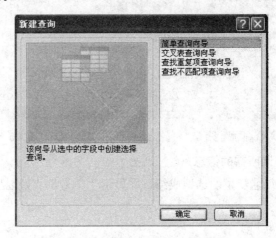

图 4.2 "新建查询"对话框

(3) 在"新建查询"对话框中选中"简单查询向导"，然后单击"确定"按钮，打开如图 4.3 所示的"简单查询向导"对话框。

(4) 在"简单查询向导"对话框中单击"表/查询"下拉列表，选择"学生"表。这时"可用字段"框中显示"学生"表中包含的所有字段，选择"学号"字段，单击 > 按钮添加到"选定字段"框中，用同样的方法将"姓名"、"性别"和"出生日期"字段添加到"选定字段"框中，结果如图 4.4 所示。

图 4.3　"简单查询向导"对话框图　　　　图 4.4　选择好需要查询的字段

如果要将所有字段添加到"选定字段"列表框中，单击 >> 按钮；如果要将"选定字段"列表框中的某个字段删除，单击 < 按钮；若全部删除，单击 << 按钮。

(5) 单击"下一步"按钮，弹出如图 4.5 所示的对话框，在"请为查询指定标题"文本框中输入"学生查询信息"。选择"打开查询查看信息"单选按钮，单击"完成"按钮。在关闭查询向导对话框后，打开查询的数据表视图就可以看到查询的结果，如图 4.6 所示。

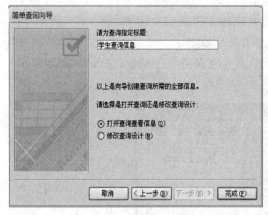 

图 4.5　输入查询标题图　　　　图 4.6　查询的结果

2. 从多个表中查询所需的信息

【例 4.2】　查询每名学生的选课成绩，并显示"学号"、"姓名"、"课程名称"和"成绩"等字段信息。

具体的操作步骤如下：

(1) 打开"教学管理"数据库，在"创建"选项卡的"查询"组上单击"查询向导"

命令，打开"新建查询"对话框。在"新建查询"对话框中选中"简单查询向导"，然后单击"确定"按钮，打开如图 4.3 所示的"简单查询向导"对话框。

(2) 在该对话框的"表/查询"下拉列表中选择"学生"表，分别双击"可用字段"框中的"学号"、"姓名"字段，将它们添加到"选定字段"框中。

(3) 在"表/查询"下拉列表中选择"课程"表，双击"课程名称"字段将该字段添加到"选定字段"框中。

(4) 重复步骤(3)，将"选课"表中的"成绩"字段添加到"选定字段"框中。选择后结果如图 4.7 所示。

(5) 单击"下一步"按钮，显示如图 4.8 所示的对话框，需要确定是采用"明细"查询，还是采用"汇总"查询。选择"明细"选项，则查看详细信息；选择"汇总"选项，则对一组或全部记录进行各种统计。这里单击"明细"选项。

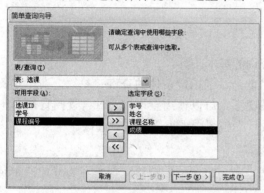

图 4.7　选择字段图

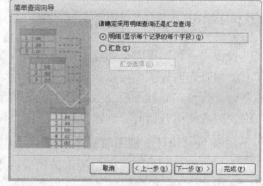

图 4.8　确定采用明细查询还是汇总查询

(6) 单击"下一步"按钮，弹出如图 4.9 所示的对话框，在"请为查询指定标题"文本框内输入"学生选课成绩"，然后单击"打开查询查看信息"选项按钮。

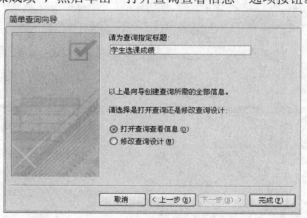

图 4.9　输入查询标题

(7) 单击"完成"按钮，打开查询的数据表视图窗口，结果如图 4.10 所示。

该查询不仅显示学号、姓名、所选课程名称，而且还显示了所选课程的成绩，它涉及了"教学管理"数据库的 3 个表。由此可以说明，Access 的查询功能非常强大，它可以将多个表中的信息联系起来，并且可以从中找到符合条件的记录。

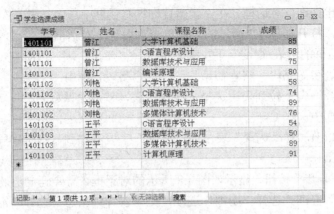

图 4.10　查询结果

4.2.2　使用"设计"视图创建查询

查询"设计"视图是创建、编辑和修改查询的基本工具。

使用查询向导虽然可以快速地创建查询，但是对于指定条件的查询、参数查询和复杂的查询，查询向导就不能完全胜任了。这种情况下，可以使用查询"设计"视图直接创建查询，或者使用查询向导创建查询后，在"设计"视图中根据需要进行修改。

1. 查询"设计"视图的基本结构

查询"设计"视图主要由两部分构成，上半部为"对象"窗格，下半部为查询设计网格，如图 4.11 所示。

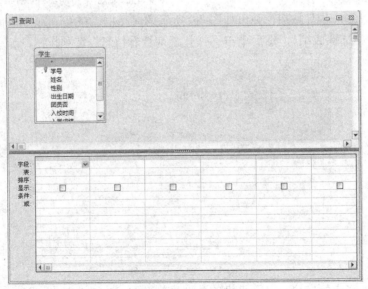

图 4.11　查询设计视图

"对象"窗格中，放置查询所需要的数据源表和查询。查询设计网格由若干行组成，其中有"字段"、"表"、"排序"、"显示"、"条件"、"或"以及若干空行。

(1) 字段行：放置查询需要的字段和用户自定义的计算字段。

(2) 表行：放置字段行字段来源的表或查询。

(3) 排序行：对查询进行排序，有"降序"、"升序"和"不排序"三种选择。在记录很多的情况下，对某一列数据进行排序将方便数据的查询。如果不选择排序，则查询运行时按照表中记录的顺序显示。

(4) 显示行：决定字段是否在查询结果中显示。在各个列中，有已经勾选了的复选框。默认情况下所有字段都将显示出来，如果不想显示某个字段，但又需要它参与运算，则可取消勾选复选框。

(5) 条件行：放置所指定的查询条件。

(6) 或行：放置逻辑上存在"或"关系的查询条件。

(7) 空行：放置更多的查询条件。

注意：对于不同类型的查询，查询设计网格行所包含的项目会有所不同。

2. 使用"设计视图"创建查询

【例4.3】 使用"设计"视图创建例4.2所要建立的查询。

具体操作步骤如下：

(1) 打开"教学管理"数据库，在"创建"选项卡的"查询"组上单击"查询设计"按钮，打开"查询设计视图"窗口，并显示一个"显示表"对话框，如图4.12所示。

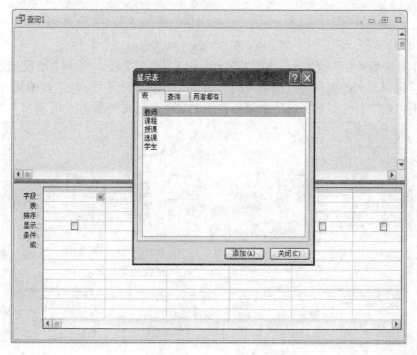

图 4.12 "显示表"对话框

在"显示表"对话框中有 3 个选项卡："表"、"查询"和"两者都有"。这里单击"表"选项卡。

● 如果建立查询的数据源来源于表，则单击"表"选项卡。

● 如果建立查询的数据源来源于已建立的查询，则单击"查询"选项卡。

● 如果建立查询的数据源来源于表和已建立的查询，则单击"两者都有"选项卡。

(2) 分别双击"学生"、"课程"和"选课"表，将它们添加到查询"设计"视图上半部分的窗口中，单击"关闭"按钮，关闭"显示表"对话框，如图 4.13 所示。

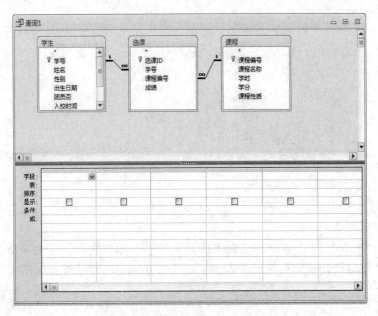

图 4.13 查询"设计"视图窗口

(3) 分别将"学生"字段列表中的"学号"和"姓名"字段、"课程"字段列表中的"课程名称"字段以及"选课"字段列表中的"成绩"字段添加到"字段"行的第 1 列到第 4 列上。同时"表"行上显示了这些字段所在表的名称，结果如图 4.14 所示。

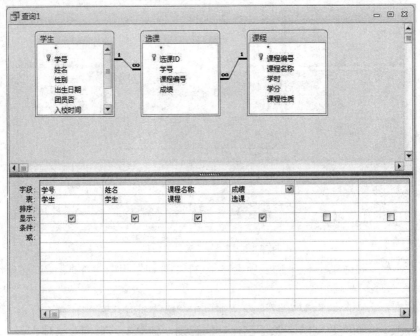

图 4.14 确定查询所需字段

(4) 在快捷工具栏上单击"保存"按钮,弹出"另存为"对话框,在"查询名称"文本框中输入"学生选课成绩",然后单击"确定"按钮。

(5) 在"设计"选项卡的"结果"组上单击"视图"或"运行"按钮,打开"查询视图",显示查询结果,如图 4.10 所示。

4.2.3 创建带条件的查询

在日常工作中,用户的查询并非只是简单的查询,往往带有一定的条件,这时需要通过"设计"视图来建立,在"设计"视图的"条件"行输入查询条件,这样 Access 在运行查询时就会从指定的表中筛选出符合条件的记录。由此可见,使用条件查询可以很容易地获得所需的数据。

【例 4.4】 查找 1996 年出生的男学生,并显示"学号"、"姓名"、"性别"、"团员否"和"入学成绩"。

具体操作步骤如下:

(1) 打开"教学管理"数据库,在"创建"选项卡的"查询"组上单击"查询设计"按钮,打开"查询设计视图"窗口,并显示一个"显示表"对话框,如图 4.12 所示。

(2) 在"显示表"对话框中单击"表"选项卡,单击"学生"表,然后单击"添加"按钮,这时"学生"表被添加到查询"设计"视图上半部分的窗口中。

(3) 查询结果没有要求显示"出生日期"字段,但由于查询条件要使用这个字段,因此,在确定查询所需的字段时必须选择该字段。分别双击"学号"、"姓名"、"性别"、"出生日期"、"团员否"和"入学成绩"等字段,这时 6 个字段依次显示在"字段"行上的第 1 列到第 6 列中,同时"表"行显示出这些字段所在表的名称,结果如图 4.15 所示。

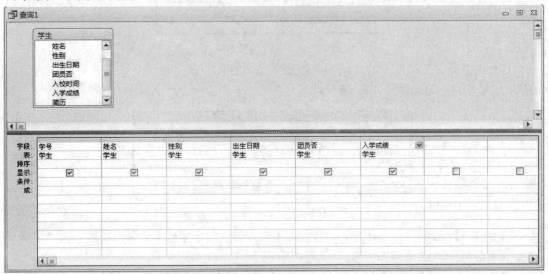

图 4.15 设置查询所涉及字段

(4) 按照查询要求和显示要求,"出生日期"字段只作为查询的一个条件,并不要求显示,因此取消"出生日期"字段的显示。单击"出生日期"字段"显示"行上的复选框,这时复选框内变为空白。

(5) 在"性别"字段列的"条件"单元格中输入条件"男"，在"出生日期"字段列的"条件"单元格中输入条件 Between #1996-1-1# And #1996-12-31#或 Year([出生日期])=1996，结果如图 4.16 所示。

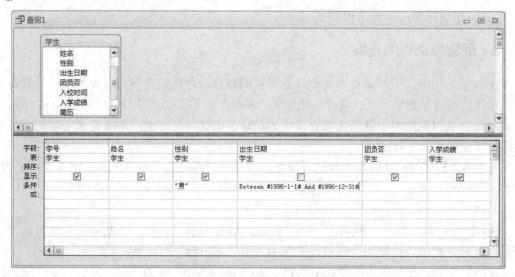

图 4.16　设置条件

(6) 单击快捷工具栏上的"保存"按钮，这时出现"另存为"对话框，在"查询名称"文本框中输入"1996 年出生的男学生"，如图 4.17 所示，然后单击"确定"按钮。

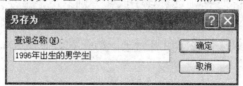

图 4.17　"另存为"对话框

(7) 在"设计"选项卡的"结果"组上单击"视图"或"运行"按钮，打开"查询视图"，显示查询结果，如图 4.18 所示。

学号	姓名	性别	团员否	入学成绩
0801103	王平	男	✔	603
0801104	刘建军	男		598
				0

图 4.18　"1996 年出生的男学生"查询结果

【例 4.5】 查找并显示 1996 年出生或性别为男性的学生的"学号"、"姓名"、"性别"、"团员否"和"入学成绩"。

(1)～(4)的操作步骤与例 4.4 操作步骤(1)～(4)相同。

(5) 在"性别"字段列的"条件"单元格中输入条件"男"，在"出生日期"字段列的"或"行单元格中输入条件"Year([出生日期])=1996"，结果如图 4.19 所示。

(6) 单击快捷工具栏上的"保存"按钮，弹出"另存为"对话框，在"查询名称"文本框中输入"学生查询"，然后单击"确定"按钮。

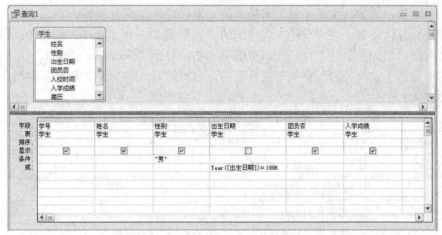

图 4.19　使用"或"行设置条件

(7) 在"设计"选项卡的"结果"组上单击"视图"或"运行"按钮，切换到"数据表"视图，这时可以看到"学生查询"的执行结果，如图 4.20 所示。

图 4.20　使用"或"行的查询结果

4.3　在查询中进行计算

前面已经介绍了建立查询的一般方法，而且也建立了一些查询，但这些查询仅仅是为了获取符合条件的记录，并没有对符合条件的记录进行更深入的分析和利用。在实际应用中，常常需要对查询的结果进行求和、计数、求最大值、求最小值、求平均值以及其他更复杂的计算。本节将介绍如何在查询中进行计算。

4.3.1　查询中的计算类型

在查询中可执行多种类型的计算。例如，可以计算一个数字型字段值的总和或平均值；计算多个数字型字段值的乘积；或者计算从当前日期算起三个月后的日期；等等。在查询中执行的计算可分为两种类型：预定义计算和自定义计算。

1. 预定义计算

预定义计算又称为"汇总"计算，用于对查询中的一组记录或全部记录进行下列计算：

合计、求平均值、计数、求最小值、求最大值、求标准偏差或方差等。

为了进行总计计算，在"设计"选项卡的"显示/隐藏"组上单击"总计"按钮，则在查询设计网格中增加"总计"行，在该行的单元格中显示"Group by(分组)"。可以在"总计"行的单元格中选择一种汇总类型进行汇总。"总计"行中共有 12 种汇总类型，其类型和功能如表 4.9 所示。

表 4.9   总计项的类型及含义

总计项	功　　能
分组	定义要执行计算的组
合计	求字段值的总和
平均值	求字段值的平均值
最小值	求字段值的最小值
最大值	求字段值的最大值
计数	统计字段值的数量
标准偏差	求字段值的标准偏差值
方差	求字段值的方差值
第一条记录	按照输入时间的顺序返回第一条记录的值
最后一条记录	按照输入时间的顺序返回最后一条记录的值
表达式	创建表达式中包含的计算字段
条件(Where)	限制表中可以参加汇总的记录，如果选中该字段选项，Access 将清除"显示"复选框，隐藏查询结果中的该字段

表 4.9 中，"合计"、"平均值"等 6 种汇总类型属于算术运算，它只适合于数字型字段以及货币型字段(其值为数字的)，对于字符型字段是不适用的。

2. 自定义计算

自定义计算使用的是自定义计算表达式，在表达式中使用一个或多个字段中的数据，还可以使用函数对每个记录执行数值、日期和文本计算。自定义计算的主要作用是在查询中创建用于计算的字段列。

4.3.2　总计查询

总计查询用于对表中的全部记录进行总计计算，包括计算平均值、最大值、计数和方差等，并显示计算查询的结果。

【例 4.6】 统计教师人数。

具体操作步骤如下：

(1) 打开"教学管理"数据库，在"创建"选项卡的"查询"组上单击"查询设计"按钮，打开"查询设计视图"窗口。

(2) 在打开的"显示表"对话框中，双击"教师"表，这时"教师"表添加到查询"设计"视图上半部分的窗口中，然后单击"关闭"按钮。

(3) 双击"教师"字段列表中的"教师编号"字段，将其添加到字段行的第 1 列中。

(4) 在"设计"选项卡的"显示/隐藏"组上单击"汇总"按钮，在"设计网格"中插入一个"总计"行，单击"教师编号"字段的"总计"行单元格，并单击其右侧的向下箭头按钮，然后从下拉列表中选择"计数"，如图 4.21 所示。

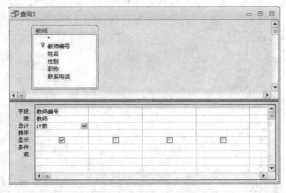

图 4.21　设置总计项

(5) 单击快捷工具栏上的"保存"按钮，弹出"另存为"对话框，在"查询名称"文本框中输入"统计教师人数"，然后单击"确定"按钮。

(6) 在"设计"选项卡的"结果"组上单击"视图"或"运行"按钮，切换到"数据表"视图，这时可以看到"统计教师人数"查询的结果，如图 4.22 所示。

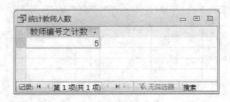

图 4.22　总计查询结果

4.3.3　分组总计查询

在实际应用中，不仅要统计某个字段中的所有值，而且还需要把记录分组，对每个组的值进行统计。在"设计"视图中，将用于分组字段的"总计"行设置成"分组"(Group by)，就可以对记录进行分组统计了。

【例 4.7】　计算各职称的教师人数。

具体操作步骤如下：

(1) 打开"教学管理"数据库，在"创建"选项卡的"查询"组上单击"查询设计"按钮，打开"查询设计视图"窗口。

(2) 在打开的"显示表"对话框中，双击"教师"表，这时"教师"表添加到查询"设计"视图上半部分的窗口中，然后单击"关闭"按钮。

(3) 依次双击"教师"表中的"职称"和"姓名"字段，将它们添加到字段行的第 1 列和第 2 列中。

(4) 在"设计"选项卡的"显示/隐藏"组上单击"汇总"按钮，在"设计网格"中插入一个"总计"行，并自动将"职称"字段和"姓名"字段的"总计"行设置成"分组"(Group by)。

(5) 单击"姓名"字段的"总计"行，并单击其右侧的向下箭头按钮，然后从下拉列表中选择"计数"，设计结果如图 4.23 所示。

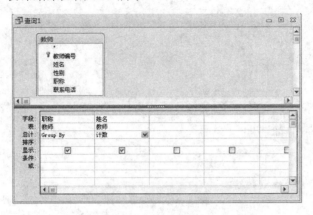

图 4.23　设置分组总计项

(6) 单击快捷工具栏上的"保存"按钮，在弹出的"另存为"对话框的"查询名称"文本框中输入"各职称教师人数"，保存所建查询。运行该查询可以看到如图 4.24 所示的结果。

图 4.24　查询结果

4.3.4　添加计算字段

计算字段是指根据一个或多个表中的一个或多个字段使用表达式建立的新字段。

当用户需要统计的字段不在数据表中，或用于计算的数据值源于多个字段时，就应该添加一个字段来显示需要统计的数据。

【例 4.8】　将例 4.7 所建查询结果显示为如图 4.25 所示。

图 4.25　查询结果显示形式

具体操作步骤如下：

(1) 打开"教学管理"数据库，在"创建"选项卡的"查询"组上单击"查询设计"按钮，打开"查询设计视图"窗口。

(2) 在打开的"显示表"对话框中，单击"查询"选项卡，然后双击"各职称教师人数"将其添加到查询"设计"视图窗口上半部分的窗口中，单击"关闭"按钮。

(3) 双击"各职称教师人数"中的"职称"字段，将其添加到字段行的第 1 列中，在第 2 列"字段"行中输入"人数:[各职称教师人数]！[姓名之计数]"，结果如图 4.26 所示。其中，"人数"为新增字段，它的值引自"各职称教师人数"查询中的"姓名之计数"值。注意，新增字段所引用的字段应注明其所在数据源，且数据源和引用字段都应用方括号括起来，中间加"！"作为分隔符。

(4) 单击工具栏上的"保存"按钮 ，在出现的"另存为"对话框的"查询名称"文本框中输入"统计各职称教师的人数"，保存所建查询。

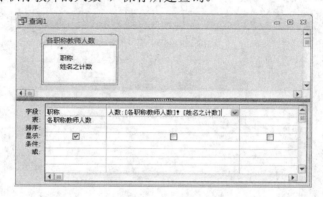

图 4.26　新增字段设计

4.4　创建交叉表查询

所谓交叉表查询，就是将来源于某个表中的字段进行分组，一组列在数据表的左侧，一组列在数据表的上部，然后在数据表行与列的交叉处显示表中某个字段的各种计算值。

交叉表查询除需制订查询对象和字段外，还需要知道如何统计数字，因此需定义表 4.10 中的 3 个字段。

表 4.10　交叉表字段说明

字段	说　　明
行标题	位于数据表左侧第一列，即把某一字段或与记录相关的数据放入指定的一行中以便进行概括
列标题	位于表的顶端，即对某一列的字段或表进行统计，并把结果放入该列
列中值字段	它是用户选择在交叉表中显示的字段，用户需要为该字段指定一个总计类型，如 Sum、Avg、Min、Max 函数等

【例 4.9】 在"教学管理"数据库中创建交叉表查询，显示每名学生的各科成绩。

具体操作步骤如下：

(1) 打开"教学管理"数据库，在"创建"选项卡的"查询"组上单击"查询设计"按钮，打开"查询设计视图"窗口。

(2) 在打开的"显示表"对话框中，分别双击"学生"表、"选课"表和"课程"表，将它们添加到查询"设计"视图上半部分的窗口中，单击"关闭"按钮。

(3) 双击"学生"列表中的"姓名"字段，将其放到"字段"行的第 1 列，然后分别双击"课程"表中的"课程名称"字段和"选课"表中的"成绩"字段，将它们分别放到"字段"行的第 2 列和第 3 列中。

(4) 在"设计"选项卡的"查询类型"组上单击"交叉表"按钮，在设计网格中插入"总计"行和"交叉表"行，其中"总计"默认为"Group by"。

(5) 单击"姓名"字段的"交叉表"单元格，然后单击该单元格右侧的向下箭头按钮，从下拉列表中选择"行标题"。使用同样的方法，将"课程名称"设置为"列标题"，"成绩"设置为"值"，并将"成绩"字段的"总计"行设置为"First"，结果如图 4.27 所示。

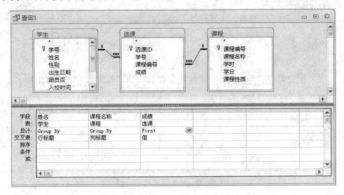

图 4.27　设置交叉表中的字段

(6) 单击快捷工具栏上的"保存"按钮，将查询命名为"学生选课成绩交叉表"，然后单击"确定"按钮。

(7) 在"设计"选项卡的"结果"组上单击"视图"或"运行"按钮，切换到"数据表"视图，这时可以看到如图 4.28 所示的"学生选课成绩交叉表"的查询结果。

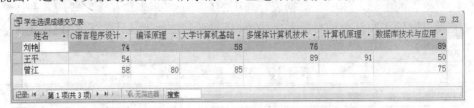

图 4.28　"学生选课成绩交叉表"查询结果

4.5　创建参数查询

前面介绍的建立查询的方法都是在条件固定的情况下使用的，如果用户希望根据某个或某些字段不同的值来查询，就需要使用 Access 提供的参数查询。参数查询在运行时，可以灵活输入指定的条件，查询出满足条件的信息。例如，在进行学生信息查询时，往往需要按学生姓名或学号进行查询。这种人机交互式查询，在 Access 中是使用参数查询实现的。

　　参数查询是通过对话框提示用户输入查询参数，然后检索数据库中符合用户要求的记录或值。用户不仅可以建立单参数查询，还可以建立更为复杂的多参数查询。

4.5.1　单参数查询

　　单参数查询是指在字段中只指定一个参数，在执行查询时，用户只需输入一个参数值即可。

　　【例 4.10】　以"学生选课成绩"查询为数据源建立一个查询，并显示某学生所选课程的成绩。

　　具体操作步骤如下：

　　(1) 打开"学生选课成绩"查询，在"开始"选项卡"视图"组上点击"视图"按钮，在下拉列表中选择"设计视图"命令，屏幕上显示查询"设计"视图。

　　(2) 在"姓名"字段的"条件"单元格中输入"[请输入学生姓名:]"，结果如图 4.29 所示。

　　(3) 在"设计"选项卡的"结果"组上单击"运行"按钮，这时屏幕上显示"输入参数值"对话框，如图 4.30 所示。

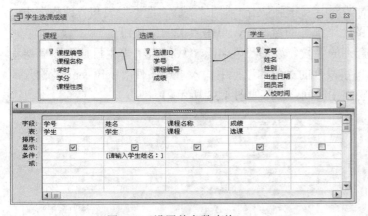

图 4.29　设置单参数查询　　　　　　　　　　　　图 4.30　输入参数值

　　(4) 在"请输入学生姓名:"文本框中输入姓名"王平"，然后单击"确定"按钮。这时就可以看到所建参数查询的查询结果，如图 4.31 所示。

图 4.31　参数查询的查询结果

　　(5) 若希望将所建参数查询保存起来，应选择"文件"选项卡中的"对象另存为"命令，然后在弹出的"另存为"对话框中的"将'学生选课成绩'另存为"文本框中输入文件名"学生选课成绩参数查询"，如图4.32所示，最后单击"确定"按钮。

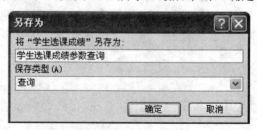

图4.32　确定参数查询文件名

4.5.2　多参数查询

多参数查询就是在字段中指定多个参数，在执行查询时，用户需要输入多个参数。

【例4.11】建立多参数查询，要求查询出生日期介于1996年5月至1997年5月的学生姓名和成绩信息。

具体操作步骤如下：

(1) 打开"教学管理"数据库，在"创建"选项卡的"查询"组上单击"查询设计"按钮，打开"查询设计视图"窗口。

(2) 在打开的"显示表"对话框中，分别双击"学生"表、"选课"表和"课程"表，将它们添加到查询"设计"视图上半部分的窗口中，单击"关闭"按钮。

(3) 在表中双击需要建立查询的字段，添加"姓名"、"成绩"、"出生日期"和"课程名称"字段，并在"出生日期"字段列的"条件"行中输入查询条件"Between [请输入最早出生时间：] And [请输入最晚出生时间：]"，如图4.33所示。

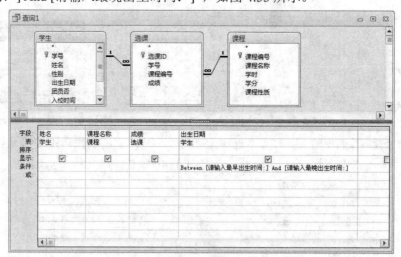

图4.33　定义查询条件

(4) 在"设计"选项卡的"结果"组上单击"运行"按钮，分别弹出两个"输入参数值"对话框，输入"1996-5-1"和"1997-5-31"，如图4.34和图4.35所示，单击"确定"按钮。

(5) 结果如图 4.36 所示，单击"保存"按钮，命名为"多参数查询"。

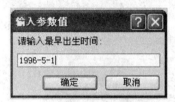 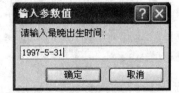

图 4.34　输入参数 1　　　　　　　　　图 4.35　输入参数 2

图 4.36　多参数查询结果

4.6　创建操作查询

查询的两个主要作用是分类查看数据库中的数据和批量修改数据库中的数据。前面介绍的查询是通过各种方法对数据库表中的数据进行筛选和显示，但都没有对数据库表中的数据进行修改。本节主要介绍的操作查询不仅能进行数据的筛选查询，还能通过查询的结果来快速地更改、新增、创建或删除表中的内容。操作查询可以在查询的基础上对原始数据表进行操作。

操作查询可以在一个操作中更改许多条记录。例如，在一个操作中删除一组记录、更新一组记录等。操作查询包括生成表查询、删除查询、更新查询和追加查询 4 种。

4.6.1　生成表查询

生成表查询是从一个或多个表中提取有用数据，然后将结果添加到一个新表中。用户既可以在当前数据库创建新表，也可以在另外的数据库中生成该表。

【例 4.12】　将成绩在 80 分以上的学生信息存储到一个新表中。

具体操作步骤如下：

(1) 打开"教学管理"数据库，在"创建"选项卡的"查询"组上单击"查询设计"按钮，打开"查询设计视图"窗口。

(2) 在打开的"显示表"对话框中，分别双击"学生"表和"选课"表，将它们添加到查询"设计"视图上半部分的窗口中，单击"关闭"按钮。

(3) 在表中双击需要建立查询的字段，添加"学号"、"姓名"、"性别"和"成绩"字段，并在"成绩"字段的"条件"行中输入查询条件">=80"，如图 4.37 所示。

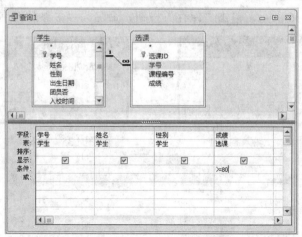

图 4.37   定义查询条件

(4) 单击"设计"选项卡"查询类型"组上的"生成表"按钮，弹出"生成表"对话框。

(5) 在"生成表"对话框中输入新表的名称"80 分以上学生情况"，并选择"当前数据库"单选按钮，如图 4.38 所示，单击"确定"按钮。

图 4.38   "生成表"对话框

(6) 单击"结果"组上的"运行"按钮，弹出如图 4.39 所示的提示框，单击"是(Y)"后，生成"80 分以上学生情况"表，完成生成表查询。

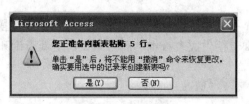

图 4.39   提示框

4.6.2   删除查询

删除查询是指从一个或多个表中将一组记录或一类记录删除。删除查询主要用于删除同一类的一组记录，可以从单个表中删除，也可以从多个相互关联的表中删除。

删除查询根据所涉及的表与表之间的关系，可以简单地划分为三种类型：删除一个表或一对一关系表中的记录；在一对多关系表中，通过对"一"端的删除查询，删除"多"端的记录；在多对多关系表中，通过对两端的删除查询，删除两端的记录。利用 Access 提供的删除查询，批量地删除一组同类型的记录，可以大大提高数据库管理的效率。

【例 4.13】　将"选课"表中成绩低于 60 分的记录删除。

具体操作步骤如下：

(1) 打开"教学管理"数据库，在"创建"选项卡的"查询"组上单击"查询设计"按钮，打开"查询设计视图"窗口。

(2) 在打开的"显示表"对话框中，双击"选课"表，将它添加到查询"设计"视图上半部分的窗口中，单击"关闭"按钮。

(3) 在表中双击将要删除的"成绩"字段添加到设计网格中。在"设计"选项卡"查询类型"组上单击"删除"按钮，在查询设计器的设计部分添加"删除"行，"删除"行默认为"Where"，然后在"条件"行中输入条件"<60"，如图 4.40 所示。

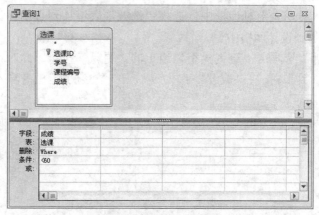

图 4.40　输入删除条件

(4) 单击"结果"组上的"运行"按钮，弹出如图 4.41 所示的提示框，单击"是(Y)"后删除"选课"表中指定的记录。

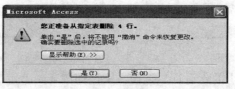

图 4.41　提示框

(5) 单击快捷工具栏上的"保存"按钮，保存所建查询。然后打开"选课"表，可以看到成绩低于 60 分的记录都被删除了，如图 4.42 所示。

图 4.42　删除后的结果

4.6.3 更新查询

更新查询是指对一个或多个表中的记录进行更新和修改。更新查询主要用于对大量的并且符合一定条件的记录进行更新和修改，它是比较简单、快捷的方法。

【例 4.14】 使用更新查询，更新"选课"表中的成绩，实现所有人员的成绩增加 1 分。

具体操作步骤如下：

(1) 打开"教学管理"数据库，在"创建"选项卡的"查询"组上单击"查询设计"按钮，打开"查询设计视图"窗口。

(2) 在打开的"显示表"对话框中，选择"选课"表添加到查询设计窗口中，并将所需要的查询字段添加到设计网格中。

(3) 单击"设计"选项卡"查询类型"组上的"更新"按钮，此时在"设计"视图网格中将会出现"更新到"栏，在"成绩"字段所对应的"更新到"栏内输入更新表达式"[成绩]+1"，如图 4.43 所示。

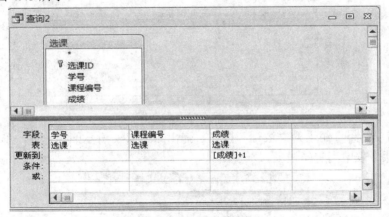

图 4.43 输入更新表达式

(4) 单击"结果"组上的"运行"按钮，弹出如图 4.44 所示的提示框，单击"是(Y)"后完成更新查询，保存更新查询名为"更新查询"。

图 4.44 提示框

4.6.4 追加查询

追加查询是指从一个或多个表中将一组记录添加到一个或多个表的尾部。追加查询主要是在数据库维护时，将某一表中符合条件的记录添加到另外一个表中。

通常，源表和目标表位于同一个数据库中，但这并不是必需的。也可以将一个数据库中的数据记录追加到另一个数据库相应的表中。追加查询还可用于根据条件追加字段。

【例 4.15】　建立一个追加查询将选课成绩在 70～80 分之间的学生成绩添加到已建立的"80 分以上学生情况"表中。

具体操作步骤如下：

(1) 打开"教学管理"数据库，在"创建"选项卡的"查询"组上单击"查询设计"按钮，打开"查询设计视图"窗口。

(2) 在打开的"显示表"对话框中，分别双击"学生"表和"选课"表，将它们添加到查询"设计"视图上半部分的窗口中，单击"关闭"按钮。

(3) 单击"设计"选项卡"查询类型"组上的"追加"按钮，弹出"追加"对话框，在"表名称"文本框的下拉列表中选择"80 分以上学生情况"表，选中"当前数据库"选项按钮，如图 4.45 所示。

图 4.45　"追加"对话框

(4) 单击"追加"对话框的"确定"按钮，这时查询"设计网格"中显示一个"追加到"行。

(5) 将"学生"和"选课"表中的"学号"、"姓名"、"性别"和"成绩"字段添加到"设计网格"中，并且在"追加到"行中自动填上"学号"、"姓名"、"性别"和"成绩"。

(6) 在"成绩"字段的"条件"单元格中输入条件">=70 and <80"，以便将 70 分以上的学生情况添加到"80 分以上学生情况"表格中，结果如图 4.46 所示。

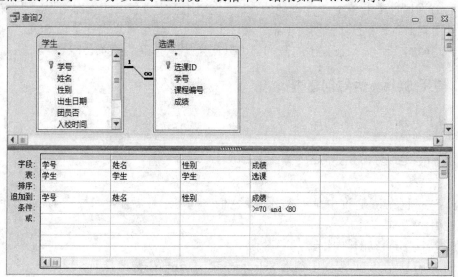

图 4.46　设置追加查询

(7) 单击"结果"组上的"运行"按钮，弹出如图 4.47 所示的提示框，单击"是(Y)"后完成追加查询，保存查询名为"追加新查询"。

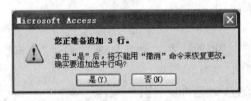

图 4.47　追加查询提示框

(8) 此时打开"80 分以上学生情况"表，就可以看到增加了 70～80 分学生的情况，如图 4.48 所示。

80分以上学生情况			
学号	姓名	性别	成绩
1401101	曾江	女	85
1401101	曾江	女	80
1401102	刘艳	女	89
1401103	王平	男	89
1401103	王平	男	91
1401101	曾江	女	75
1401102	刘艳	女	74
1401102	刘艳	女	76
*			

记录: ◄ 第 1 项(共 8 项) ► ►I ►* 　无筛选器　搜索

图 4.48　追加后的表

4.7　创建 SQL 查询

SQL 查询指直接用 SQL 语句创建的查询，主要用于完成复杂的查询工作，因为有一些查询无法用查询向导和设计器创建出来。实际上，因为 Access 查询就是以 SQL 为基础来实现查询功能的，所以 Access 中的查询都可以认为是一个 SQL 查询。

4.7.1　使用 Select 语句创建查询

Select 语句的基本语法如下：

格式：

　　　Select <字段列表> From <表名>

说明：

(1) 字段列表：是查询中显示的字段，它们之间用逗号隔开，如要查询表中的所有字段，可使用"*"来代替。

(2) 表名：指查询的数据表。

【例 4.16】　在 SQL 视图中输入 Select 语句，创建学生数据查询。

(1) 打开"教学管理"数据库，在"创建"选项卡的"查询"组上单击"查询设计"

按钮，关闭"显示表"，然后单击"设计"选项卡"结果"组上的"SQL 视图"按钮，如图 4.49 所示。

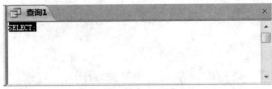

图 4.49　SQL 窗口视图

(2) 在窗口中输入 Select 语句，如图 4.50 所示。

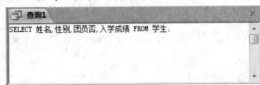

图 4.50　输入 Select 语句

(3) 单击"设计"选项卡"结果"组上的"运行"按钮，将显示 Select 语句查询的结果，如图 4.51 所示。

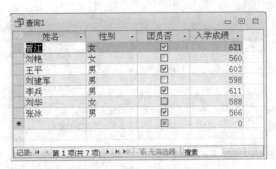

图 4.51　Select 语句查询的结果图

(4) 单击快捷工具栏上的"保存"按钮，弹出"另存为"对话框，在"查询名称"文本框中输入"学生表"，单击"确定"按钮，如图 4.52 所示。

图 4.52　"另存为"对话框

4.7.2　使用 Select 语句中的子句

1. Select 语句中的 Where 子句

格式：

Select<字段列表> From<表名> [Where <条件表达式>]

说明：

条件表达式：用于设置查询条件，它可以使用算术操作符、赋值和关系操作符、逻辑操作符、连接操作符及各种总计函数。

【例4.17】 在SQL视图中，为Select语句添加查询条件，查找"学生"表中"性别"为"男"的数据记录。

具体操作步骤如下：

(1) 打开"教学管理"数据库，在"创建"选项卡的"查询"组上单击"查询设计"按钮，关闭"显示表"，然后单击"设计"选项卡"结果"组上的"SQL视图"按钮。

(2) 在窗口中输入如下Select语句：

Select 姓名，性别，团员否 From 学生 Where 性别="男"

(3) 单击"设计"选项卡"结果"组上的"运行"按钮，将显示Select语句条件查询的结果，如图4.53所示。

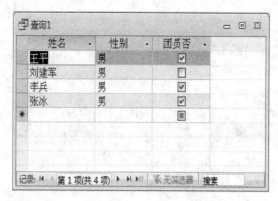

图4.53 Select语句条件查询的结果

2. Select 语句中的 Order By 子句

格式：

    Select <字段列表> From <表名>
        [Where <条件表达式>] [Order By <字段名> [Asc| Desc]]

说明：

字段名：是指定用于排序的字段，也可以使用多个字段，但在排序时先按前面的字段排序，再按后面的字段排序。

【例4.18】 在SQL视图中，为Select语句添加查询条件，将"学生"表中的男生按"入学成绩"排序。

具体操作步骤如下：

(1) 打开"教学管理"数据库，在"创建"选项卡的"查询"组上单击"查询设计"按钮，关闭"显示表"，然后单击"设计"选项卡"结果"组上的"SQL视图"按钮。

(2) 输入如下SQL语句：

    Select 姓名，性别，团员否，入学成绩 From 学生
    Where 性别="男" Order By 入学成绩

(3) 单击"设计"选项卡"结果"组中上的"运行"按钮，将显示Select语句条件查询的结果，如图4.54所示。

图 4.54 Select 语句条件查询的结果

3. Select 语句中的 Group By 子句

格式：

Select <字段列表 1 > From <表名> Group By <字段列表 2 >

说明：

字段列表 2：用于进行分组的字段，这些字段是"字段列表 1"中没有使用总计函数的字段。

【例 4.19】 在 SQL 视图中，使用 Group By 子句对查询的结果按"性别"进行分组。

具体操作步骤如下：

(1) 打开"教学管理"数据库，在"创建"选项卡的"查询"组上单击"查询设计"按钮，关闭"显示表"，然后单击"设计"选项卡"结果"组上的"SQL 视图"按钮。

(2) 输入如下 SQL 语句：

Select 性别 From 学生 Group By 性别

(3) 单击"设计"选项卡"结果"组上的"运行"按钮，将显示 Select 语句条件查询的结果，如图 4.55 所示。

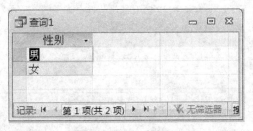

图 4.55 查询的结果

4.8 操作已创建的查询

在实际应用中，常常需要根据实际情况对已经创建的查询进行修改、编辑，如调整列宽、编辑字段、数据源、对查询结果进行排序等，以使查询满足用户需要。

4.8.1 编辑查询中的字段

在查询设计视图中，可以在原有的基础上对字段进行增加、删除和移动操作。

【例 4.20】 在查询"设计"视图中，修改"学生选课成绩"，增加"学分"字段，删除"课程编号"字段,将"学分"字段移至"成绩"字段前。

具体操作步骤如下:

(1) 打开"学生选课成绩"查询,在"开始"选项卡"视图"组上点击"视图"按钮,在下拉列表中选择"设计视图"命令,屏幕上显示查询"设计"视图,如图 4.56 所示。

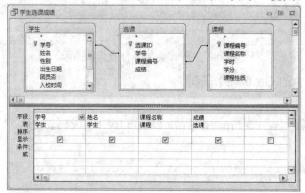

图 4.56　查询设计视图

(2) 双击"课程"表中的"学分"字段,进行字段添加,如图 4.57 所示。单击"设计"选项卡"结果"组上的"运行"按钮,显示查询结果如图 4.58 所示。

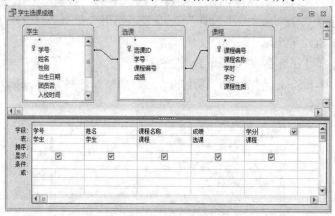

图 4.57　添加字段

学号	姓名	课程名称	成绩	学分
1401101	曾江	大学计算机基础	85	2
1401101	曾江	数据库技术与应用	75	3
1401101	曾江	编译原理	80	3
1401102	刘艳	C语言程序设计	74	3
1401102	刘艳	数据库技术与应用	89	3
1401102	刘艳	多媒体计算机技术	76	2
1401103	王平	多媒体计算机技术	89	2
1401103	王平	计算机原理	91	3

图 4.58　添加字段数据结果

(3) 单击"开始"选项卡"视图"组上的"视图"按钮,返回查询设计视图。在设计网格中,选中"学分"字段的选择器进行拖动,拖至"成绩"字段前。保存后,单击"设计"选项卡"结果"组上的"运行"按钮,显示查询结果如图 4.59 所示。

图 4.59　移动字段数据结果

4.8.2　编辑查询中的数据源

编辑查询中的数据源包括添加表或查询和删除表或查询。

1. 添加表或查询

在设计视图中，添加表或查询的步骤如下：

(1) 打开需要操作的查询，在"开始"选项卡"视图"组上点击"视图"按钮，在下拉列表中选择"设计视图"命令，切换至查询"设计"视图。

(2) 单击"设计"选项卡"查询设置"组上的"显示表"按钮，打开如图 4.60 所示的"显示表"对话框，选择需要添加的表或查询，单击"添加"按钮。

(3) 单击"关闭"按钮，关闭"显示表"对话框。

(4) 单击工具栏的保存按钮，保存所做的修改。

图 4.60　"显示表"对话框

2. 删除表或查询

在设计视图中，删除表或查询的步骤与添加的步骤相似，具体如下：

(1) 打开需要操作的查询，在"开始"选项卡"视图"组上点击"视图"按钮，在下拉列表中选择"设计视图"命令，切换至查询"设计"视图。

(2) 选择需要删除的表或查询，单击 Delete 键删除。

(3) 单击工具栏的保存按钮，保存所做的修改。

4.8.3　调整查询的列宽

在设计视图中，有时因某单元格输入内容过多而不能全部显示，这时就需要调整列宽。

调整列宽的步骤如下：

(1) 在数据库窗口的"查询"对象下单击要修改的查询，切换至"设计"视图。

(2) 将鼠标指针移到要更改列宽的字段选择器的右边界，使鼠标指针变成双向箭头。

(3) 根据需要向左右拖动鼠标调整列宽，达到所需宽度后，释放鼠标。

(4) 单击工具栏的保存按钮，保存所做的修改。

4.8.4 排序查询结果

在实际应用过程中，有时候会需要对查询结果按一定规则进行排序。

【例 4.21】 对"教师管理"数据库中的"学生选课成绩"按"成绩"字段升序排序。

具体操作步骤如下：

(1) 打开"学生选课成绩"查询，在"开始"选项卡"视图"组上点击"视图"按钮，在下拉列表中选择"设计视图"命令，屏幕上显示查询"设计"视图。

(2) 在"设计"视图中，成绩字段的"排序"栏中选择"升序"，如图 4.61 所示。

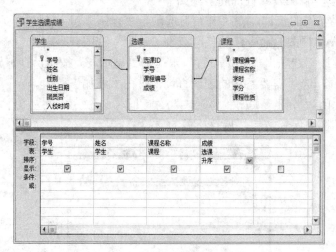

图 4.61　选择排序方法

(3) 单击"设计"选项卡"结果"组上的"运行"按钮，显示查询结果，如图 4.62 所示。

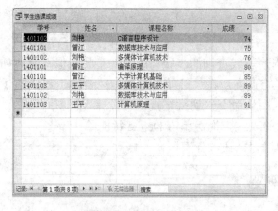

图 4.62　运行排序的结果

本 章 小 结

查询是 Access 处理和分析数据的工具，它能够把多个表中的数据筛选出来，供使用者查看、更改和分析。查询是 Access 数据库中的一个重要对象，是使用者按照一定条件从 Access 数据库表或已建立的查询中检索需要数据的最主要方法。在 Access 中可以通过查询向导和设计视图创建查询，同时可以对查询结果进行统计计算，如求和、计数、求最大值和求平均值等。同时 Access 可以通过交叉表查询、参数查询、操作查询和 SQL 查询等方法实现对数据库中数据的检索。

习   题

一、选择题

1. 以下关于查询的叙述正确的是(   )。

A. 只能根据数据库表创建查询

B. 只能根据已建查询创建查询

C. 可以根据数据库表和已建查询创建查询

D. 不能根据已建查询创建查询

2. Access 支持的查询类型有(   )。

A. 选择查询、交叉表查询、参数查询、SQL 查询和操作查询

B. 基本查询、选择查询、参数查询、SQL 查询和操作查询

C. 多表查询、单表查询、交叉表查询、参数查询和操作查询

D. 选择查询、统计查询、参数查询、SQL 查询和操作查询

3. 以下不属于操作查询的是(   )。

A. 交叉表查询　　　　　　　　B. 更新查询

C. 删除查询　　　　　　　　　D. 生成表查询

4. 在查询设计视图中，(   )。

A. 只能添加数据库表

B. 可以添加数据库表，也可以添加查询

C. 只能添加查询

D. 以上说法都不对

5. 假设某数据库表中有一个姓名字段，查询姓李的记录的条件是(   )。

A. Not "李*"　　　　　　　　　B. Like "李"

C. Left([姓名],1)= "李"　　　　D. "李"

二、填空题

1. "查询"设计视图窗口分为上下两部分：上半部分为_____区，下半部分为

设计网格。

2. 结构化查询语言 SQL 具有数据定义、_____、_____、_____ 4 种功能。

3. 在 SQL 中，如果希望将查询结果排序，应在 Select 语句中使用子句，其中_____ 选项表示升序，_____选项表示降序，缺省时默认为_____序。

4. Where 子句的条件表达式中，与字符串的零个或多个字符相匹配的符号 是_____；与字符串中的单个字符相匹配的符号是_____。

三、问答题

1. Access2010 中查询方式有哪几种？

2. 使用查询的目的是什么？查询具有哪些功能？

3. 操作查询包含哪几种操作？

4. 制作选择查询和操作查询的结果有何不同？

5. 在"查询参数"窗口定义查询参数时，除定义查询参数的类型外，还要定义什么？

6. 简单查询向导中汇总选项包括哪几种汇总方式？

第 5 章　窗　体

问题：

1. 窗体能够做什么？
2. 如何创建和设计窗体？
3. 窗体中的常用控件有哪些？
4. 如何美化窗体？

引例：

"输入教师基本信息"窗体

窗体是 Access 数据库系统中最重要的对象之一。通过窗体用户可以方便地输入数据、编辑数据、查询数据、排序数据、筛选数据和显示数据。Access 利用窗体将整个数据库组织起来，从而构成完整的应用系统。一个数据库系统开发完成后，对数据库的所有操作都是在窗体界面中进行的。本章将介绍窗体的概念和功能、窗体的组成以及窗体的基本操作等。

5.1　认 识 窗 体

窗体与 Windows 窗口在外观和结构组成上基本相同：最上方是标题栏和控制按钮；内部是各种控件，如文本框、单选按钮、组合框以及命令按钮等；最下方是状态栏。与数据表不同的是，窗体本身没有存储数据，也不像表那样以行和列的形式显示数据。

5.1.1　窗体的主要功能

窗体是一种主要用于在 Access 中输入、输出数据的数据库对象，是用户和 Access 应用程序之间的主要接口，通过计算机屏幕将数据库中的表或查询中的数据反映给使用者。窗体的功能主要包括：

(1) 控制应用程序的流程。窗体不仅可以通过内部的命令按钮或其他控件执行用户的请求，还可以与函数、宏、过程等相结合来操作、控制整个数据库应用系统的运行。

(2) 操作数据。窗体用来对表或查询中的记录进行显示、浏览、输入、修改和打印等操作，这是窗体的主要功能。

(3) 显示信息。窗体可以作为控制窗体的调用对象，以数值或图表的形式显示信息。

(4) 交互信息。通过自定义对话框与用户进行交互，可以为用户的后续操作提供相应的数据和信息，如提示、警告或要求用户确认等。

5.1.2 窗体的类型

Access2010 提供了 6 种类型的窗体，分别是纵栏式窗体、表格式窗体、数据表窗体、主/子窗体、数据透视表窗体和数据透视图窗体。

1. 纵栏式窗体

纵栏式窗体通常用于浏览和输入数据。它的每页只显示表或查询中的一条记录，记录中的字段纵向排列于窗体之中，每一栏的左侧显示字段的名称，右侧显示相应的字段值，如图 5.1 所示。

2. 表格式窗体

表格式窗体的特点是一个窗体中可以显示多条记录，每条记录的所有字段显示在一行上，字段的标签显示在窗体顶端，可通过滚动条来查看和维护所有记录，如图 5.2 所示。

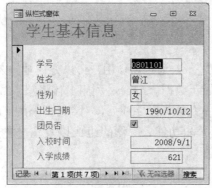

图 5.1　纵栏式窗体　　　　　　　　　图 5.2　表格式窗体

3. 数据表窗体

数据表窗体在外观上看与数据表和查询的数据表视图相同。在数据表窗体中，每条记录显示为一行，每个字段显示为一列，字段名显示在每一列的顶端，如图 5.3 所示。数据表窗体的主要作用是作为一个窗体的子窗体。

图 5.3　数据表窗体

4. 主/子窗体

主/子窗体主要用于显示具有一对多关系的表或查询中的数据。主窗体显示主表中的数据，采用纵栏式窗体；子窗体显示相关表中的数据，通常采用数据表或表格式窗体。主窗体和子窗体的数据表之间通过相关字段关联，当主窗体中的记录指针发生变化时，子窗体中的记录会随之发生变化，如图 5.4 所示。

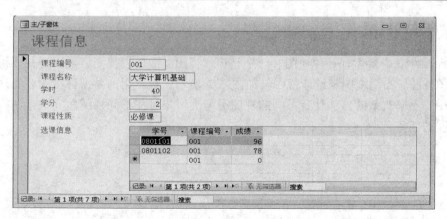

图 5.4 主/子窗体

5. 数据透视表窗体

数据透视表是指通过指定布局和计算方法汇总数据的交互式表格，以此方式创建的窗体称为数据透视表窗体。用户可以改变透视表的布局，在数据透视表窗体中查看和组合数据库中的数据、明细数据和汇总数据，但不能添加、编辑或删除透视表中显示的数据值，如图 5.5 所示。

图 5.5 数据透视表窗体

6. 数据透视图窗体

数据透视图窗体是用于显示数据表和窗体中数据的图形窗体。数据透视图窗体允许通过拖动字段或显示和隐藏字段的下拉列表选项查看不同级别的详细信息或指定布局，如图 5.6 所示。

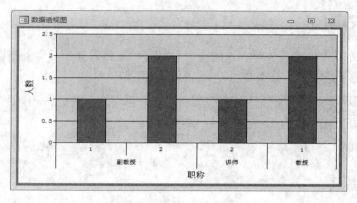

图 5.6 数据透视图窗体

5.1.3 窗体的视图

Access2010 中窗体有 6 种视图，分别是窗体视图、数据表视图、数据透视表视图、数据透视图视图、布局视图和设计视图，如图 5.7 所示。最常用的是窗体视图、布局视图和设计视图。不同类型的窗体具有不同的视图类型，用户可在不同视图之间进行切换，从而完成不同的任务。

图 5.7 窗体的视图

(1) 窗体视图是窗体运行时的显示格式。在窗体视图下，可以查看窗体运行后的界面，以及根据窗体的功能，浏览、输入、修改数据。

(2) 数据表视图是以行和列组成的表格样式显示数据的视图。数据表视图与数据表窗口从外观上基本相同，可以编辑、修改、查找或删除表中的数据。

(3) 数据透视表视图用于对数据进行分析和统计。在数据透视表视图下，通过指定行字段、列字段和总计字段来形成新的表结构显示数据，从而以不同的方法分析数据。

(4) 数据透视图视图将数据的分析和汇总结果以图形化的方式直观地显示出来。

(5) 布局视图是 Access2010 新增加的一种视图，可以更加直观的修改窗体。例如，调整窗体对象的尺寸、添加或删除控件、设置对象的属性等。

(6) 设计视图：是创建或修改窗体最主要的视图形式。在设计视图下，可以编辑各种类型的窗体，并快速地添加控件对象、修改控件属性、调整控件布局、编写控件事件代码等。

5.1.4 窗体设计工具

在 Access2010 中创建窗体时，系统会自动打开"窗体设计工具"上下文选项卡，该选项卡共包括三个子选项卡，分别是"设计"、"排列"和"格式"，如图 5.8 所示。

图 5.8 窗体设计工具

(1) "设计"子选项卡：主要用于设计窗体，即向窗体中添加各种对象，设置窗体主题、页眉/页脚，以及切换窗体视图等。

(2) "排列"子选项卡：主要用于设置窗体的布局。

(3) "格式"子选项卡：主要用于设置窗体中对象的显示格式。

5.2　创　建　窗　体

Access2010 提供了多种创建窗体的方法，使用"创建"选项卡中的"窗体"组，用户可以创建不同类型的窗体，如图 5.9 所示，其中各种按钮和命令的功能如下：

(1) 窗体：使用当前打开或选定的数据表或查询自动创建窗体。

(2) 窗体设计：使用窗体设计视图自定义设计窗体。

(3) 空白窗体：直接创建一个空白窗体，以布局视图的方式设计和修改窗体。

(4) 窗体向导：利用向导对话框，通过选择对话框中各种选项的方式创建窗体。

(5) 导航：用于创建具有导航按钮及网页形式的窗体，又细分为 6 种不同的布局格式。导航工具更适合于创建 Web 形式的数据库窗体。

(6) 多个项目：使用当前的数据表或查询自动创建多项目窗体。

(7) 数据表：使用当前打开或选定的数据表或查询自动创建数据表窗体。

(8) 分割窗体：使用当前打开或选定的数据表或查询自动创建分割窗体。

(9) 模式对话框：创建带有命令按钮的浮动对话框窗体。

(10) 数据透视图：使用 Office Chart 组件创建动态的交互式图形窗体。

(11) 数据透视表：创建分析汇总数据表或查询中数据的交互式表格窗体。

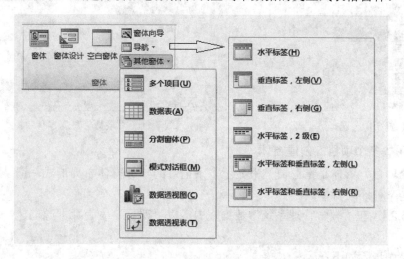

图 5.9　创建窗体的按钮和命令

5.2.1　自动创建窗体

自动创建窗体是指 Access2010 能够智能收集相关表中的数据信息，然后依据这些信息自动创建窗体。自动创建的窗体的数据源是单个表或查询，并且包含数据源中的全部字段。

1. 使用"窗体"按钮创建窗体

【例 5.1】 在"教学管理系统"数据库中，使用"窗体"按钮创建"教师"表窗体。

具体操作步骤如下：

(1) 打开"教学管理系统"数据库。

(2) 在导航窗格中，选择窗体的数据源"教师"表，如图 5.10 所示。

(3) 将功能区切换至"创建"选项卡，单击"窗体"组中的"窗体"按钮，系统将自动创建一个以教师表为数据源的窗体，并以布局视图显示此窗体，如图 5.11 所示。切换至窗体视图，查看窗体的运行效果。

(4) 保存窗体，窗体名称为"教师信息"，窗体设计完成。

如果 Access 发现所选数据源与某个表或查询具有一对多关系，Access 将在窗体中添加一个数据表，用于显示相关表或查询中的对应记录。如果确定不需要该数据表，可以将其从窗体中删除。如果窗体数据源与多个表或查询具有一对多关系，系统将不会向该窗体中添加任何数据表。

图 5.10　选择数据源　　　　　　　图 5.11　"教师信息"窗体

2. 使用"多个项目"创建窗体

"多个项目"窗体是指在窗体中显示多条记录的一种窗体布局形式，记录以表格的形式显示，是一种连续窗体。

【例 5.2】 在"教学管理系统"数据库中，以"课程"表为数据源创建一个"多个项目"窗体。

具体操作步骤如下：

(1) 在数据库的导航窗格中，选择窗体的数据源"课程"表，如图 5.12 所示。

(2) 将功能区切换至"创建"选项卡，单击"窗体"组中的"其他窗体"按钮，打开其他窗体菜单，并选择"多个项目"命令，系统将自动创建一个以课程表为数据源的表格式窗体，并以布局视图打开窗体，如图 5.13 所示。

图 5.12　选择数据源

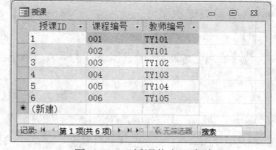

图 5.13　"课程信息"窗体

(3) 保存窗体，窗体名称为"课程信息"，窗体设计完成。

3. 创建数据表窗体

数据表窗体是以数据表形式显示多条记录的窗体，其中每条记录占有一行。

【例 5.3】　在"教学管理系统"数据库中，以"授课"表为数据源创建一个数据表窗体。

具体操作步骤如下：

(1) 在数据库的导航窗格中，选择窗体的数据源"授课"表，如图 5.14 所示。

(2) 将功能区切换至"创建"选项卡，单击"窗体"组中的"其他窗体"按钮，打开其他窗体菜单，并选择"数据表"命令，系统将自动创建一个以授课表为数据源的数据表窗体，并以数据表视图显示此窗体，如图 5.15 所示。

图 5.14　选择数据源

图 5.15　"授课信息"窗体

(3) 保存窗体，窗体名称为"授课信息"，窗体设计完成。

4. 创建分割窗体

分割窗体被分隔成上下两部分，同时以两种视图方式显示数据。上半部分以单记录方式显示数据，用于查看和编辑记录；下半部分以数据表方式显示数据，可以快速定位和浏览记录。两种视图基于同一个数据源，并始终保持同步，可以在任意一部分对记录进行切换和编辑。

【例 5.4】　在"教学管理系统"数据库中，以"选课"表为数据源创建一个分割窗体。

具体操作步骤如下：

(1) 在数据库的导航窗格中，选择窗体的数据源"选课"表，如图 5.16 所示。

(2) 将功能区切换至"创建"选项卡，单击"窗体"组中的"其他窗体"按钮，打开其他窗体菜单，并选择"分割窗体"命令，系统将自动创建一个以"选课"表为数据源的分割窗体，并以布局视图显示此窗体，如图 5.17 所示。

(3) 保存窗体，窗体名称为"选课信息"，窗体设计完成。

图 5.16　选择数据源

图 5.17　"选课"窗体

5.2.2　向导创建窗体

使用向导创建窗体需要在创建过程中选择数据源、选取显示字段以及设置窗体布局。使用向导创建的窗体布局包括纵栏式、表格式、数据表式以及两端对齐式等。

1. 向导创建单数据源窗体

【例 5.5】　在"教学管理系统"数据库中，使用向导创建一个纵栏式窗体，显示学生的"学号"、"姓名"、"性别"和"出生年月"4 个字段。

具体操作步骤如下：

(1) 将功能区切换至"创建"选项卡，单击"窗体"组中的"窗体向导"按钮，打开窗体向导对话框，如图 5.18 所示。

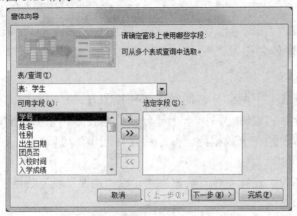

图 5.18　窗体向导

(2) 选择数据源及显示字段。首先在"表/查询"组合框中选择数据源"学生"表，然后在"可用字段"列表框中将"学号"、"姓名"、"性别"、"出生日期"4 个字段依次添加至"选定字段"区域，如图 5.19 所示，单击"下一步"。

图 5.19　窗体向导 1

(3) 确定窗体布局。选择窗体布局中的"纵栏表"，如图 5.20 所示，单击"下一步"。

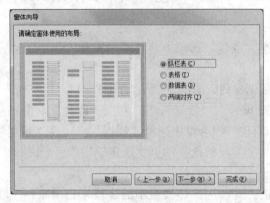

图 5.20　窗体向导 2

(4) 指定窗体标题为"学生信息纵栏式窗体"，默认选择"打开窗体查看或输入信息"，如图 5.21 所示。

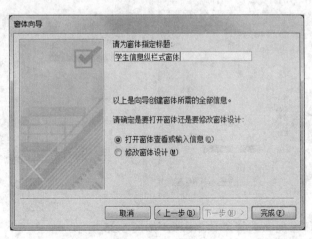

图 5.21　窗体向导 3

(5) 单击"完成"，系统将以窗体视图的形式打开窗体，如图 5.22 所示。

(6) 保存窗体，窗体设计完成。

图 5.22 学生信息纵栏式窗体

2. 向导创建多数据源窗体

【例 5.6】 在"教学管理系统"数据库中，使用向导创建一个主/子窗体，显示教师表的"教师编号"、"姓名"、"性别"、"职称"和授课表中的"教师编号"、"课程编号"共 6 个字段。

具体操作步骤如下：

(1) 将功能区切换至"创建"选项卡，单击"窗体"组中的"窗体向导"按钮，打开窗体向导对话框。

(2) 选择数据源及显示字段。首先在"表/查询"组合框中选择"教师"表，将"可用字段"列表框中的"教师编号"、"姓名"、"性别"、"职称"4 个字段依次移动至"选定字段"区域；然后在"表/查询"组合框中选择"授课"表，将"可用字段"列表框中的"教师编号"、"课程编号"2 个字段依次移动至"选定字段"区域，如图 5.23 所示，单击"下一步"。

(3) 确定查看数据的方式。因窗体要显示的字段来自两张相关联的表，它们具有一对多的对应关系，因此通过哪一张表查看另一张表的数据将直接影响最终的窗体布局。这里选择通过"教师"表查看"授课"表的数据，并选择"带有子窗体的窗体"，以主/子窗体显示相关字段信息，如图 5.24 所示，单击"下一步"。

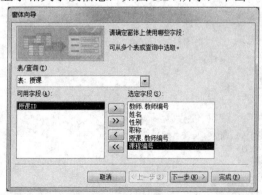

图 5.23 窗体向导 1

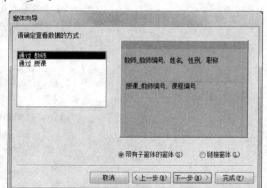

图 5.24 窗体向导 2

(4) 确定子窗体布局。选择"数据表"，如图 5.25 所示，单击"下一步"。

(5) 指定窗体标题。输入主窗体标题"教师授课信息"和子窗体标题"授课信息"，默认选择"打开窗体查看或输入信息",如图 5.26 所示。

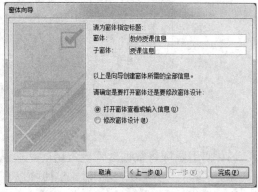

图 5.25 窗体向导 3　　　　　　　　　　　　图 5.26 窗体向导 4

(6) 单击"完成"按钮,系统将以窗体视图的形式打开窗体,如图 5.27 所示。

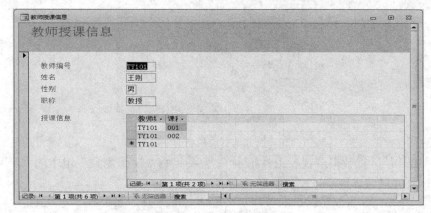

图 5.27 "授课情况"窗体

(7) 保存窗体,窗体设计完成。

5.2.3 创建图表窗体

数据透视表是一种交互式的窗体,它可以按设计的方式进行求和、计数、求平均值等计算。数据透视表窗体可以根据用户需要改变版面布局。数据透视图是以图形的方式显示数据汇总和统计结果,可以直观地反映数据分析信息,形象地表达数据的变化情况。

1. 创建数据透视表窗体

在 Access 中,利用数据透视表视图窗体动态地更改窗体的版面布置,重构数据的组织方式,便于以各种不同方法分析数据。

【例 5.7】 在"教学管理系统"中,创建数据透视表窗体,用于统计各职称教师的人数。

具体操作步骤如下:

(1) 在数据库的导航窗格中,选择窗体的数据源"教师"表。

(2) 将功能区切换至"创建"选项卡,单击"窗体"组中的"其他窗体"按钮,打开其他窗体菜单,并选择"数据透视表"命令,打开数据透视表设计窗口,同时显示数据透视表字段列表,如图 5.28 所示。

图 5.28　数据透视表视图

(3) 使用鼠标将数据透视表所用的字段从字段列表中拖动到指定的区域中。将"职称"字段拖动至行字段区域，"性别"字段拖动到列字段区域，"教师编号"字段拖动到汇总区域，如图 5.29 所示。最后关闭字段列表。

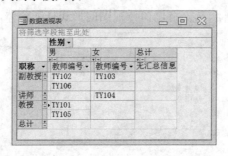

图 5.29　设置数据透视表的字段布局

(4) 单击功能区"数据透视表工具/设计"选项卡中"显示/隐藏"组中的"隐藏详细信息"按钮，打开隐藏详细信息图，如图 5.30 所示。

图 5.30　隐藏详细信息图

(5) 首先单击数据透视表列字段"性别"，然后单击功能区"数据透视表工具/设计"选项卡中"工具"组中的"自动计算"按钮，打开"自动计算"菜单，并选择"计数"命令，系统将自动完成数据统计，如图 5.31 所示。

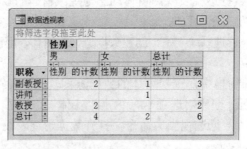

图 5.31　"各职称教师人数"窗体

(6) 关闭并保存窗体，窗体名称为"各职称教师人数"，数据透视表窗体设计完成。

2. 创建数据透视图窗体

在 Access 中，利用数据透视图窗体将数据库中的数据以图形方式显示出来，从而直观地获得数据信息。

【例 5.8】　在"教学管理"数据库中，创建数据透视图窗体，用于统计各职称教师的人数分布图。

具体操作步骤如下：

(1) 打开"教学管理"数据库，首先创建"各职称教师人数"汇总查询，并把"教师编号"字段列的标题修改为"教师人数：教师编号"。该字段列的"总计"项为"计数"，"职称"字段列为"分组"。其查询设计视图如图 5.32 所示。

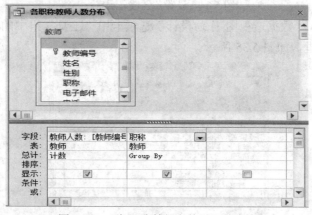

图 5.32　"各职称教师人数"汇总查询

(2) 把该查询保存为"各职称教师人数"。

(3) 在数据库的导航窗格中，选择窗体的数据源"各职称教师人数"查询。

(4) 将功能区切换至"创建"选项卡，单击"窗体"组中的"其他窗体"按钮，打开其他窗体菜单，并选择"数据透视图"命令，打开数据透视图设计窗口，同时显示数据透视图字段列表，如图 5.33 所示。

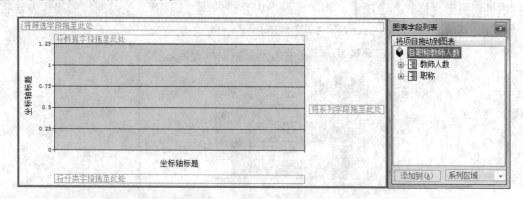

图 5.33　数据透视图及其字段列表

(5) 使用鼠标将所用的字段从字段列表中拖动到指定的区域中。将"职称"字段拖动至"将分类字段拖至此处"的位置，将"教师人数"字段拖动至"将数据字段拖至此处"

的位置，这时在图表区显示出柱状图，如图 5.34 所示。

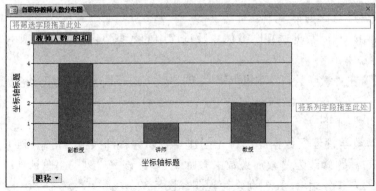

图 5.34　设置各区域显示字段

(6) 单击功能区"数据透视图工具/设计"选项卡中"工具"组中的"属性表"按钮，打开"属性"对话框，如图 5.35 所示。

图 5.35　数据透视图属性窗口

(6) 在属性对话框中，先在"常规"选项卡的"选择"下拉列表中选择"分类轴 1 标题"，再切换至"格式"选项卡，将"标题"内容更改为"职称"。使用同样的操作方法将"数值轴 1 标题"更改为"人数"，如图 5.36 所示。

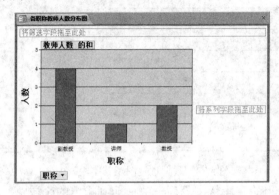

图 5.36　"教师各职称人数分布"窗体

(7) 关闭并保存窗体，窗体名称为"各职称教师人数分布图"，数据透视图窗体设计完成。

5.2.4 使用"空白窗体"按钮创建窗体

"空白窗体"按钮是 Access2010 增加的新功能，可快速创建一个空白窗体并打开其布局视图，为进一步添加数据源和控件提供基础。

【例 5.9】 在"教学管理系统"数据库中，使用"空白窗体"按钮创建一个能够显示教师的"教师编号"、"姓名"、"性别"和"职称"4 个字段的窗体。

具体操作步骤如下：

(1) 将功能区切换至"创建"选项卡，单击"窗体"组中的"空白窗体"按钮，系统将自动创建一个新窗体，并打开其布局视图，如图 5.37 所示。

图 5.37 空白窗体

(2) 在已经打开的"字段列表"任务窗格中，以鼠标拖动方式将"教师"表中的"教师编号"、"姓名"、"性别"和"职称"4 个字段添加到窗体中，如图 5.38 所示。单击功能区"窗体布局工具/设计"选项卡"工具"组中的"添加现有字段"按钮，然后隐藏"字段列表"任务窗格。

(3) 切换到窗体视图，查看窗体的运行效果，如图 5.39 所示。

图 5.38 添加字段　　　　　　　　图 5.39 "教师基本信息"窗体

(4) 关闭并保存窗体，窗体名称为"教师基本信息"，完成窗体设计。

5.3 在设计视图中创建窗体

自动创建窗体和窗体向导所创建的窗体较为简单，在实际应用中不能满足用户需求。利用窗体设计视图可以创建自定义窗体或对已有的窗体进行修改。

5.3.1 窗体的设计视图

窗体的设计视图提供了窗体结构更详细的视图，用户可以在该视图下创建更复杂的窗体。

1. 窗体的节

窗体的设计视图由若干带状部分组成,每一部分称为一个"节",用于设计窗体的细节,窗体最多可拥有 5 个节,即窗体页眉、页面页眉、主体、页面页脚及窗体页脚,如图 5.40 所示。

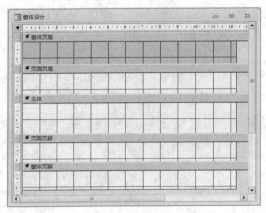

图 5.40　"窗体"设计视图

窗体各部分的功能如表 5.1 所示。

表 5.1　窗体各部分功能

名称	功　　能
窗体页眉	位于窗体顶部,主要用于添加窗体标题、窗体使用说明等信息
窗体页脚	位于窗体的底部,其功能与窗体页眉基本相同,一般用于显示对记录的操作说明、设置命令按钮等
主体	每个窗体必须包含的部分(其他部分是可选的),绝大多数的控件及信息都出现在主体节中,通常用于显示、编辑记录数据
页面页眉	用于设置窗体在打印时每页顶部所显示的信息,包括:标题、列标题、日期或页码等
页面页脚	用于设置窗体在打印时每页页面的页脚信息,包括:页总汇、日期或页码等

2. 控件

控件是构成窗体的基本元素,用来实现在窗体中对数据的输入、查看、修改以及对数据库中各种对象的操作。

打开窗体的"设计"视图后,可以从"窗体设计工具/设计"子选项卡中的"控件"组中选择控件并添加到窗体中,如图 5.41 所示。

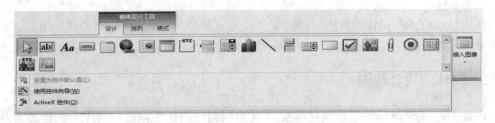

图 5.41　Access2010 的窗体控件

不同的控件其功能各不相同。表 5.2 列出了各种控件的名称及功能。

表 5.2　控件名称及功能

按钮	名称	功　能
	选择对象	选择一个或一组窗体控件
	文本框	表或窗体中非备注型和通用型字段值的输入、输出等操作，用于输入、编辑和显示文本
	标签	显示窗体中各种说明和提示信息
	命令按钮	控制程序的执行过程以及窗体数据的操作
	选项卡	创建多页窗体或多页控件
	超链接	在窗体中插入超链接控件
	Web 浏览器	在窗体中插入浏览器控件
	导航	在窗体中插入导航条
	选项组	控制在多个选项中只选择其中之一
	分页符	在窗体上开始一个新的屏幕，或在打印机窗体上开始一个新页
	组合框	从列表中选取数据，并显示在编辑窗口中
	插入图表	在窗体中插入图表对象
	直线	在窗体或者报表中绘制线条
	切换按钮	可以将窗体上的切换按钮用作独立的控件来显示基础记录源的"是/否"值
	列表框	显示一个可滚动的数据列表
	矩形	在窗体或者报表中绘制矩形
	复选框	显示数据源中"是/否"字段的值，可以选择多项
	非绑定对象框	作用与"图像"控件类似，用于排放一些非绑定的 OLE 对象
	附件	在窗体中插入附件控件
	选项按钮	显示数据源中"是/否"字段的值
	绑定对象框	绑定到 OLE 对象型的字段上
	图像	显示一个静止的图形文件
	控件向导	打开和关闭控件向导。控件向导帮助用户设计复杂的控件
	ActiveX 控件	打开一个 ActiveX 控件列表

根据控件的用途及其与数据源的关系，可以将控件分为三类，即绑定型控件、非绑定型控件和计算控件。

绑定型控件通常以表或查询中的字段作为其数据源，对控件中数据的修改将返回到与其绑定的数据源中。绑定型控件用于显示、输入及更新数据表(或查询)中的字段，主要有文本框、列表框、组合框等。

非绑定型控件没有数据源，用于显示提示信息、线条、矩形及图像等，主要有标签、命令按钮、图像、直线、分页符等。

计算型控件以表达式作为其数据源。表达式可以使用窗体或报表中数据源的字段值，也可以是其他控件中的数据。

3. 字段列表

在窗体设计视图下，可以点击"窗体设计工具/设计"子选项卡"工具"组中的"添加现有字段"按钮，打开或关闭"字段列表"窗口，如图 5.42 所示。用户可以通过拖动字段列表窗口中某一数据源字段的方法直接向设计视图窗口中添加绑定型控件。

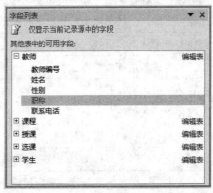

图 5.42　字段列表窗口

根据数据源字段的不同类型，系统所生成的绑定型控件也有所不同，如表 5.3 所示。

表 5.3　不同类型字段生成的绑定型控件类型

字段类型	控件类型
是/否型字段	标签和复选框
查阅向导	标签和组合框
OLE 对象	标签和绑定对象框
其他类型字段	标签和文本框

5.3.2　向窗体中添加控件

在 Access2010 的窗体设计视图中，可以通过下述三种方法向窗体中添加控件：

(1) 使用"字段列表"窗口，通过数据源自动创建；

(2) 使用控件向导创建；

(3) 手工创建控件。

在下面的例子中，将使用以上三种方法向"输入教师基本信息"窗体中添加相关控件。

1. 绑定型文本框控件

文本框是使用最多的控件之一，大部分类型的字段都是以文本框的形式出现在窗体中的。

【例 5.10】在窗体"设计"视图中添加 3 个绑定型文本框，用来显示教师表中的"教师编号"、"姓名"和"联系电话" 3 个字段。

具体操作步骤如下：

(1) 将功能区切换至"创建"选项卡，点击"窗体"组中的"窗体设计"按钮，系统将以设计视图打开一个空白窗体，如图 5.43 所示。

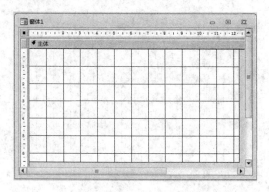

图 5.43　窗体设计视图

(2) 单击"窗体设计工具/设计"子选项卡"工具"组中的"添加现有字段"按钮，系统将打开"字段列表"窗口，如图 5.44 所示。

图 5.44　字段列表窗口

(3) 在"字段列表"窗口中点击"教师"表前的展开按钮，打开"教师"表的可用字段，使用鼠标拖动的方式将"教师编号"字段放置到窗体内的适当位置，系统将自动生成两个控件，即显示字段标题或字段名的标签控件和显示字段内容的绑定型控件，如图 5.45 所示。

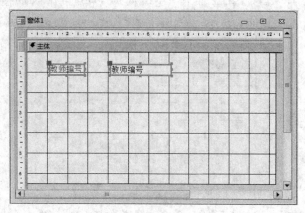

图 5.45　添加绑定型文本框

(4) 使用相同方法添加"姓名"和"联系电话"两个字段至窗口适当位置，如图 5.46
所示。

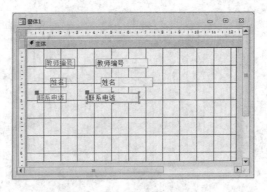

图 5.46　添加绑定型文本框 2

(5) 选中控件，通过拖动控件左上角的控点或使用方向键调整控件位置，如图 5.47 所示。

图 5.47　"输入教师基本信息"窗体

当需要将字段列表中的多个字段添加到窗体中时，可以先将多个字段同时选中，然后
一次性进行添加。

2. 标签控件

【例 5.11】为例 5.10 中得到的窗体在窗体页眉节添加窗体标题"输入教师基本信息"。

具体操作步骤如下：

(1) 在窗体"设计"视图中的主体节中单击鼠标右键，弹出快捷菜单，如图 5.48 所示。

图 5.48　使用快捷菜单

(2) 在打开的快捷菜单中选择"窗体页眉/页脚"命令,显示窗体的页眉和页脚节。鼠标选中窗体页脚,将其"属性表"中的"高度"调整为 0,如图 5.49 所示。

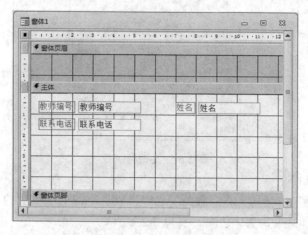

图 5.49 显示窗体页眉

(3) 首先单击功能区"窗体设计工具/设计"子选项卡"控件"组中的"标签"控件按钮 $\textbf{Aa}$;然后在窗体页眉区点击鼠标左键或拖动一个矩形区域,将标签控件添加至窗体页眉中;最后在插入点位于标签内部的状态下,输入文字"输入教师基本信息",如图 5.50 所示。

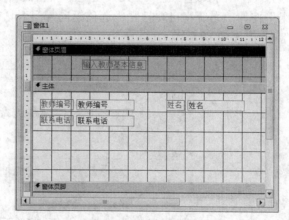

图 5.50 添加标签控件到窗体页眉

标签是一种非绑定型控件,其主要功能是显示说明性文字,一般不能被用户直接修改。

标签可分为两类:独立标签和关联标签。独立标签与其他控件没有关系,主要用于显示说明性文字;关联标签是链接到其他控件上的标签,主要用于对相关控件所显示的数据进行说明,例如上例中系统自动生成的标签即是关联标签,其会随所关联控件的删除而删除。

3. 选项组控件

"选项组"是由一个组框和一组选项按钮、复选框或切换按钮组成的,其作用是对这些控件进行分组,为用户提供必要的选项,用户只需进行简单的选取即可完成操作。选项组控件是一种绑定型控件,可与一个是/否类型或数字型字段绑定。

【例5.12】 在例5.11所建窗体中创建"性别"选项组。

图 5.51　更改记录源

具体操作步骤如下：

(1) 修改"教师"表结构。将"教师"表"性别"字段的类型更改为"数字"，并重新输入各条记录的性别数值，男为"1"，女为"2"。

(2) 点击"窗体设计工具/设计"选项卡"工具"组中的"属性表"按钮，打开属性表窗口，将窗体的"记录源"列改为"教师"表，如图5.51所示。

(3) 确保"窗体设计工具/设计"选项卡"控件组"其他列表中"使用控件向导" 处于选中状态，如图5.52所示。

(4) 首先单击"控件"组中的"选项组"工具按钮 ，然后在窗体上单击或拖动一个矩形区域放置"选项组"控件，系统将自动打开"选项组向导"对话框，在标签名称列中依次输入"男"、"女"，如图5.53所示。

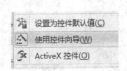

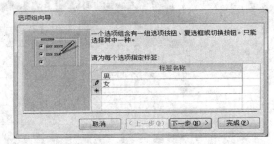

图 5.52　使用控件向导　　　　　图 5.53　选项组向导 1

(5) 单击"下一步"按钮，选项组向导进行第 2 步，如图5.54所示。该对话框要求用户确定控件是否需要默认选项，选择"是"，并指定"男"为默认项。

图 5.54　选项组向导 2

(6) 单击"下一步"按钮,选项组向导进行第 3 步,如图 5.55 所示。这里要求为每个选项设置一个整数值,系统将根据数据源的具体数值设置选项组的选择状态,指定"男"的选项值为"1","女"的选项值为"2"。

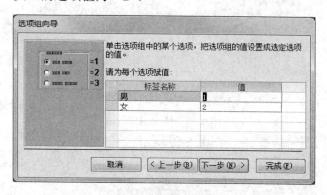

图 5.55 选项组向导 3

(7) 单击"下一步"按钮,选项组向导进行第 4 步,如图 5.56 所示。选中"在此字段中保存该值",并在右边的组合框中选择"性别"字段。

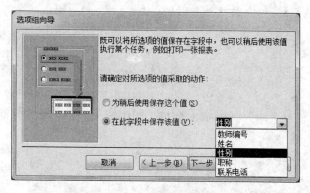

图 5.56 选项组向导 4

(8) 单击"下一步"按钮,选项组向导进行第 5 步,如图 5.57 所示。选项组可选用的控件为"选项按钮"、"复选框"和"切换按钮"。这里选择"选项按钮"及"蚀刻"按钮样式。

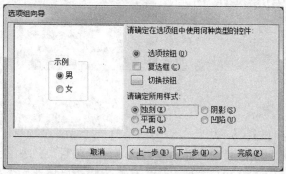

图 5.57 选项组向导 5

(9) 单击"下一步"按钮,选项组向导进行第 6 步,如图 5.58 所示。在"请为选项组指定标题"文本框中输入选项组的标题"性别",然后单击"完成"按钮。

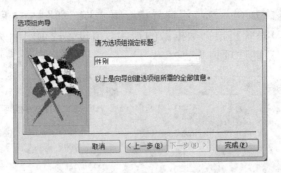

图 5.58　选项组向导 6

(10) 调整选项组控件的位置，如图 5.59 所示。

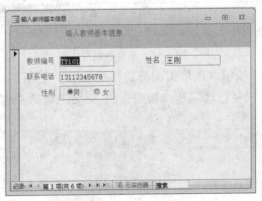

图 5.59　添加"选项组"的窗体

(11) 保存窗体名为"输入教师基本信息"，切换至窗体视图，查看窗体中控件的运行效果，如图 5.60 所示。

图 5.60　运行效果图

4. 列表框控件

列表框用于显示项目列表，用户可以从中选择一个或多个项目。列表框一般都是绑定型控件，可显示多列数据，如果项目总数超过可显示的项目数，系统将会自动加上滚动条。

【例 5.13】　在"输入教师基本信息"窗体中添加"所授课程"列表框。

具体操作步骤如下：

(1) 新建查询。由于窗体的数据源只能是表或查询，因此新建查询"教师授课"，包括教师表的所有字段，以及授课表的"课程编号"字段。

(2) 更改数据源。打开窗体属性表窗口，将记录源更改为"教师授课"，如图 5.61 所示。

(3) 确保"使用控件向导"处于选中状态。单击"控件"组中的"列表框"工具按钮，然后在窗体上单击或拖动一个矩形区域放置"列表框"控件，系统将自动打开"列表框向导"对话框，选择"使用列表框获取其他表或查询中的值"选项，如图 5.62 所示。

图 5.61 更改记录源

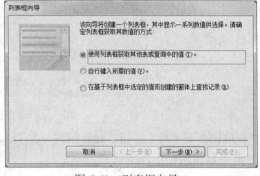

图 5.62 列表框向导 1

(4) 单击"下一步"按钮，列表框向导进行第 2 步，如图 5.63 所示，选择"课程"表作为列表框数据的来源。

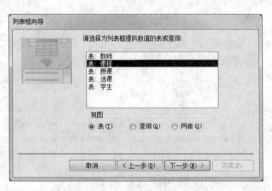

图 5.63 列表框向导 2

(5) 单击"下一步"按钮，列表框向导进行第 3 步，如图 5.64 所示，选定"课程编号"和"课程名称"两个字段。

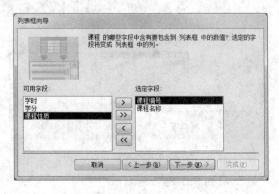

图 5.64 列表框向导 3

(6) 单击"下一步"按钮，列表框向导进行第 4 步，如图 5.65 所示，选择列表框中的项目以"课程编号"升序排列。

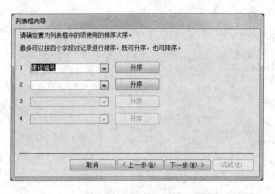

图 5.65　列表框向导 4

(7) 单击"下一步"按钮，列表框向导进行第 5 步，如图 5.66 所示，取消"隐藏键列"，在列表框中显示两个字段的信息。

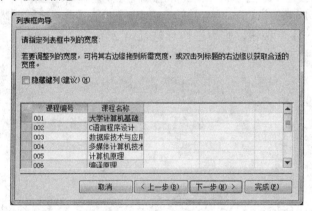

图 5.66　列表框向导 5

(8) 单击"下一步"按钮，列表框向导进行第 6 步，如图 5.67 所示，设置可用字段为"课程编号"。

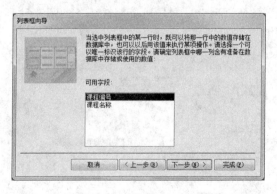

图 5.67　列表框向导 6

(9) 单击"下一步"按钮，列表框向导进行第 7 步，如图 5.68 所示，设置将列表框的数值保存至课程编号字段。

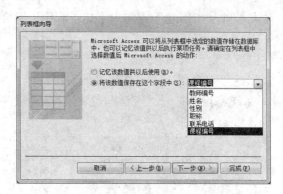

图 5.68 列表框向导 7

(10) 单击"下一步"按钮，列表框向导进行第 8 步，如图 5.69 所示，设置将列表框标签为"授课信息"。

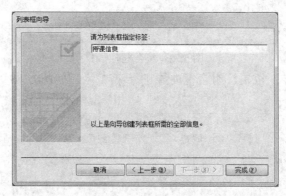

图 5.69 列表框向导 8

(11) 单击"完成"按钮，列表框添加完毕，如图 5.70 所示。可切换至窗体视图查看效果，运行效果如图 5.71 所示。

图 5.70 添加列表框的窗体

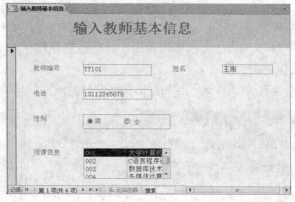

图 5.71 运行效果图

5. 组合框控件

组合框将文本框和列表框的功能结合在一起，用户可以在列表中选择某一项，也可以在编辑区域中直接输入文本内容。组合框也可以用作绑定型控件，可以显示多列数据。

【例5.14】 在"输入教师基本信息"窗体中添加"职称"组合框。

具体操作步骤如下：

(1) 确保"使用控件向导"处于选中状态。

(2) 单击"控件"组中的"组合框"工具按钮，然后在窗体上单击或拖动一个矩形区域放置"组合框"控件，系统将自动打开"组合框向导"对话框，选择"自行键入所需的值"选项，如图 5.72 所示。

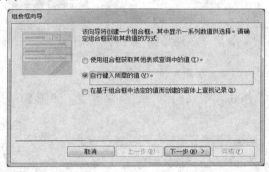

图 5.72　组合框向导 1

(3) 单击"下一步"按钮，组合框向导进行第 2 步，如图 5.73 所示，依次输入职称信息。

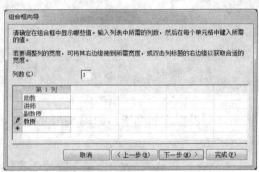

图 5.73　组合框向导 2

(4) 单击"下一步"按钮，组合框向导进行第 3 步，如图 5.74 所示，选择"职称"字段保存组合框的信息。

(5) 单击"下一步"按钮，组合框向导进行第 4 步，如图 5.75 所示，设置标签为"职称"。

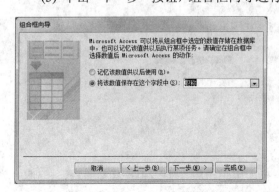

图 5.74　组合框向导 3

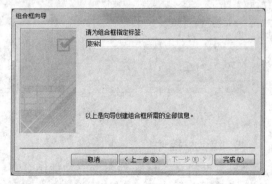

图 5.75　组合框向导 4

(6) 单击"完成"按钮，组合框添加完毕，如图 5.76 所示。可切换至窗体视图查看效果。

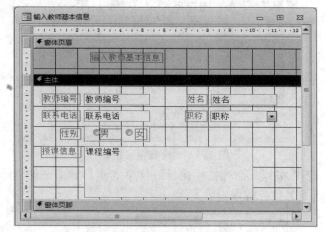

图 5.76 添加组合框的窗体

6. 命令按钮控件

命令按钮是一种非绑定型控件，其主要功能是用于接收用户的操作命令和控制程序流程，例如"添加记录"、"删除记录"、"关闭窗体"、"退出程序"等按钮。

【例 5.15】 在"输入教师基本信息"窗体的窗体页脚节中，添加"添加记录"、"删除记录"、"保存记录"的按钮。

具体操作步骤如下：

(1) 调整窗体页脚节的高度，以容纳命令按钮，如图 5.77 所示。

(2) 确保"使用控件向导"处于选中状态。

(3) 单击"控件"组中的"命令按钮"工具按钮，然后在窗体上单击或拖动一个矩形区域放置"命令按钮"控件，系统将自动打开"命令按钮向导"对话框，如图 5.78 所示，先选择"记录操作"类别，然后选择"添加新记录"操作。

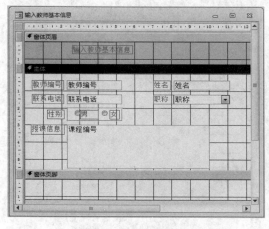

图 5.77 显示窗体页脚

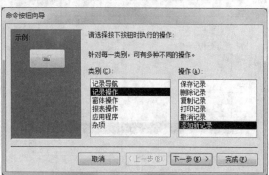

图 5.78 命令按钮向导 1

(4) 单击"下一步"按钮，命令按钮向导进行第 2 步，如图 5.79 所示，先选择在按钮上显示"文本"，然后输入文本内容为"添加记录"。

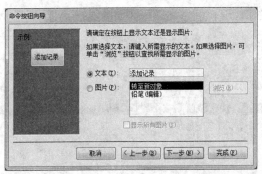

图 5.79　命令按钮向导 2

(5) 单击"下一步"按钮，命令按钮向导进行第 3 步，如图 5.80 所示，为命令按钮设置名称，以便于以后对其进行程序设计。

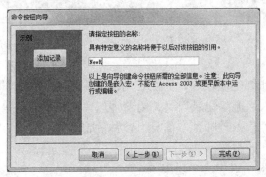

图 5.80　命令按钮向导 3

(6) 单击"完成"按钮，命令按钮添加完毕，如图 5.81 所示。可切换至窗体视图查看控件运行效果。

(7) 按上述方法，继续添加"删除记录"和"保存记录"两个按钮，如图 5.82 所示。

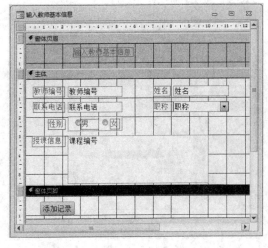

图 5.81　添加命令按钮的窗体 1

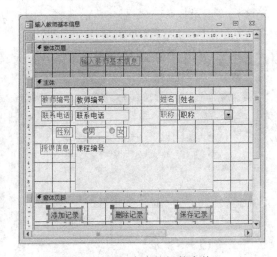

图 5.82　添加命令按钮的窗体 2

7. 选项卡控件

选项卡主要用来分页，它可以将大量控件内容分别显示在不同页面上。

【例 5.16】 创建"学生统计信息"窗体，窗体由选项卡控件组成，第一页是"学生基本信息"，第二页是"学生成绩信息"，第三页是"日期"。

具体操作步骤如下：

(1) 功能区切换至"创建"选项卡，单击"窗体"组中的"窗体设计"按钮，建立一个空白窗体并打开其设计视图。

(2) 单击"窗体设计工具/设计"子选项卡"控件"组中的"选项卡控件"按钮，然后在窗体上单击或拖动一个矩形区域放置"选项卡"控件，系统将自动添加一个选项卡控件到窗体中，默认包含两个页面：页 1 和页 2，如图 5.83 所示。

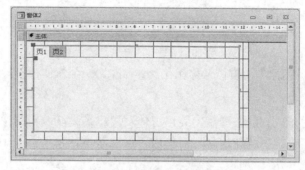

图 5.83 添加选项卡控件到空白窗体

(3) 点击"页 1"标签，并打开"属性表"窗口，将"页 1"选项卡的"名称"修改为"学生基本信息"，如图 5.84 所示。同理，将"页 2"修改为"学生成绩信息"，如图 5.85 所示。

图 5.84 选项卡控件属性表

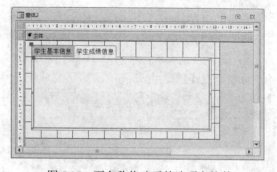

图 5.85 页名称修改后的选项卡控件

(4) 在选项卡控件上单击鼠标右键，打开其快捷菜单，如图 5.86 所示，选择"插入页"命令，为选项卡控件增加一个页面，并将其"名称"属性修改为"日期"，如图 5.87 所示。

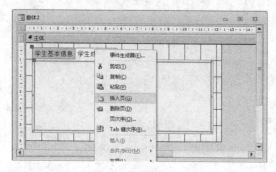

图 5.86 插入页

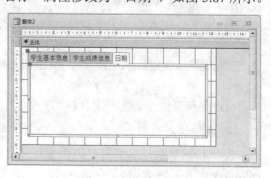

图 5.87 插入日期页

(5) 切换选项卡控件到"学生基本信息"页面，打开"字段列表"窗口，将学生表中的"学号"、"姓名"和"性别"3 个字段添加至页面的下半部，如图 5.88 所示。

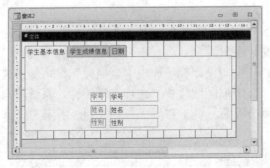

图 5.88　添加绑定型文本框到选项卡页面

(6) 以"学生统计信息"为窗体名称保存窗体，并切换至窗体视图，查看窗体运行效果。

8. 创建图像控件

图像控件主要用于放置静态图片、美化窗体，用户是无法编辑图像信息的。

【例 5.17】　在"学生统计信息"窗体内"学生基本信息"页面中创建图像控件，用于显示图片。

具体操作步骤如下：

(1) 打开"学生统计信息"窗体，并切换至"学生基本信息"页面。

(2) 打开"窗体设计工具/设计"子选项卡，点击"控件"组中的"图像"按钮，然后在窗体上单击或拖动一个矩形区域放置"图像"控件，系统将自动打开"插入图片"对话框，如图 5.89 所示。

(3) 在"插入图片"对话框中选择需要显示的图片文件即可。这里选择系统自带的"灯塔"图片，点击"确定"按钮，即可完成图片控件的添加，如图 5.90 所示。

图 5.89　插入图片对话框

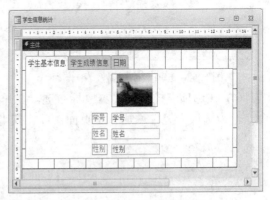

图 5.90　添加图像控件

(4) 保存窗体，切换至窗体视图查看控件运行效果。

9. 直线和矩形控件

直线和矩形都是非绑定型控件，其主要作用是对其他控件进行分布和组织，以增加窗体的可读性和美观效果。

【例 5.18】 在"学生统计信息"窗体内"学生基本信息"页面中添加直线和矩形控件，使窗体结构更加合理。

具体操作步骤如下：

(1) 打开"学生统计信息"窗体，并切换至"学生基本信息"页面。

(2) 打开"窗体设计工具/设计"子选项卡，点击"控件"组中的"矩形"按钮，然后在窗体上单击或拖动一个矩形区域放置"矩形"控件，拖动矩形的外框控点，使矩形显示在 3 个绑定型文本框外侧，如图 5.91 所示。

(3) 点击"控件"组中的"直线"按钮，然后在窗体上拖动一条直线，使其位于图像控件下方，如图 5.92 所示。

(4) 保存窗体，切换至窗体视图查看控件运行效果。

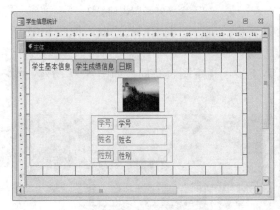 

图 5.91 添加矩形控件 图 5.92 添加直线控件

10. 图表控件

图表控件用于在窗体上创建一个基于数据表的图表。

【例 5.19】 在"学生统计信息"窗体内"学生成绩"页面中创建图表控件，用于学生成绩统计信息。

具体操作步骤如下：

(1) 创建一个"学生成绩平均分"查询，统计学生选课成绩的平均分，如图 5.93 所示。

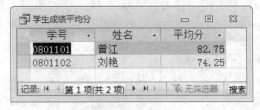

图 5.93 "学生成绩平均分"查询

(2) 打开"学生统计信息"窗体，并切换至"学生成绩信息"页面。

(3) 打开"窗体设计工具/设计"子选项卡，确保"使用控件向导"处于选中状态。

(4) 点击"控件"组中的"图表"按钮，然后在页面上单击或拖动一个矩形区域放置"图表"控件，系统将打开"图表向导"对话框，如图 5.94 所示，这里选择"学生成绩平均分"查询。

(5) 单击"下一步"按钮，图表向导进入第 2 步，进行图表数据字段的选取，如图 5.95 所示，这里选取"姓名"、"平均分"两个字段。

图 5.94　图表向导 1

图 5.95　图表向导 2

(6) 单击"下一步"按钮，图表向导进入第 3 步，进行图表类型的选取，如图 5.96 所示，这里选择第一行第一列的柱形图。

(7) 单击"下一步"按钮，图表向导进入第 4 步，指定图表布局，如图 5.97 所示，可点击"预览图表"按钮查看图表的显示情况。

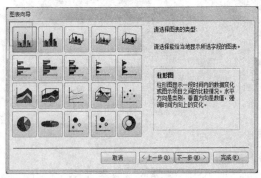

图 5.96　图表向导 3

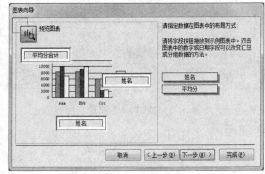

图 5.97　图表向导 4

(8) 单击"下一步"按钮，图表向导进入第 5 步，设置图表变化的链接字段，如图 5.98 所示。

(9) 单击"下一步"按钮，图表向导进入第 6 步，设置图表标题及图例，如图 5.99 所示，这里选择不显示图例。

图 5.98　图表向导 5

图 5.99　图表向导 6

(10) 单击"完成"按钮，系统将把设置好的图表控件添加至页面当中，如图 5.100 所示。

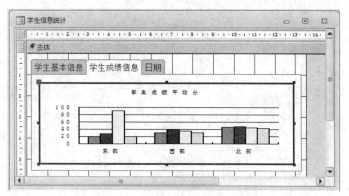

图 5.100　添加图表控件到窗体

（11）切换至窗体视图，查看窗体中图表的实际运行效果，如图 5.101 所示，图表将自动与学生基本信息页面的数据相关联。

图 5.101　选项卡数据

（12）保存窗体。

11. ActiveX 控件

Access 提供了功能强大的 ActiveX 控件。利用 ActiveX 控件，可以直接在窗体中添加并显示一些具有某一功能的组件。

【例 5.20】 在"学生统计信息"窗体内"日期"页面中添加日期控件，用于显示日期信息。

具体操作步骤如下：

(1) 打开"学生统计信息"窗体，并切换至"日期"页面。

(2) 打开"窗体设计工具/设计"子选项卡，点击"控件"组中的"其他"按钮，展开列表区域，如图 5.102 所示。

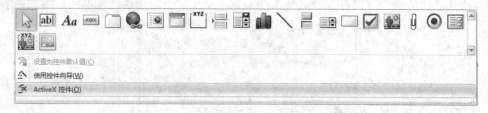

图 5.102　控件组列表区域

(3) 选择"ActiveX 控件"命令，系统将打开"插入 ActiveX 控件"对话框，选择"Calendar Control 8.0"，如图 5.103 所示。

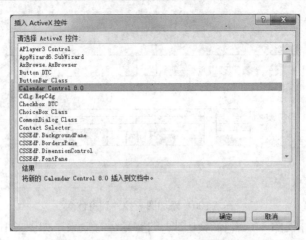

图 5.103　插入 ActiveX 控件对话框

(4) 点击"确定",系统将自动添加日历控件至页面中,如图 5.104 所示。

(5) 调整日历控件的大小和位置,并切换至窗体视图查看控件运行效果,如图 5.105 所示。

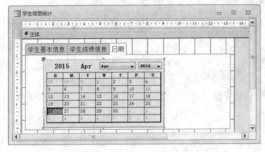

图 5.104　添加日历控件到选项卡页面

图 5.105　窗体视图

(6) 保存窗体。

5.3.3　窗体和控件的属性

在 Access 中,属性用于决定表、查询、字段、窗体及报表的特性。窗体及窗体中的每一个控件都有自己的属性,通过设置它们的属性,可以改变窗体及控件的外观和数据关联,使得窗体更加美观和实用。

窗体和控件属性的设置是通过"属性表"对话框完成的,如图 5.106 所示。"属性表"包括"格式"、"数据"、"事件"、"其他"、"全部"5 个页面,分别设置不同项目的内容。

图 5.106　属性表

"格式"页面：主要用于设置窗体和控件的外观和显示格式，一般包括标题、字体名称、字号、字体粗细、倾斜字体、前景色、背景色、特殊效果等。

"数据"页面：主要用于设置控件或窗体中的数据源以及操作数据的规则，而这些数据均为绑定在控件上的数据，一般包括控件来源、输入掩码、有效性规则、有效性文本、默认值、是否有效、是否锁定等。

"事件"页面：主要用于设置控件或窗体的鼠标、键盘操作等事件以及数据或控制发生变化时系统的响应，一般包括单击、双击、鼠标按下、鼠标释放、更新前、更新后等。

"其他"页面：主要用于设置控件的附加特征，主要包括名称、状态栏文字、自动 Tab 键、控件提示文本等。

"全部"页面：包括了以上所有内容。

【例 5.21】 将"输入教师基本信息"窗体中窗体页眉区域的标签设置为：15 号隶书，凸起，背景色为蓝色，前景色为白色。

具体操作步骤如下：

(1) 在窗体的"设计"视图中打开"输入教师基本信息"窗体，如图 5.107 所示。

图 5.107 "输入教师基本信息"窗体"设计"视图

(2) 选中"输入教师基本信息"标签，单击功能区"窗体设计工具/设计"子选项卡"工具"组中的"属性表"按钮，打开"属性表"对话框。

(3) 在标签控件的"格式"选项卡中，对各种属性进行设置，如图 5.108 所示："字体名称"为"隶书"，"字号"为"15"，"特殊效果"为"凸起"，"背景色"为"蓝色(#0000FF)"，前景色为"白色(#FFFFFF)"。

(4) 调整标签控件的大小和位置，最终结果如图 5.109 所示。

图 5.108 标签属性窗口

图 5.109 设置后的结果

窗体和控件因为类型不同，属性表中的信息也有所不同，部分常用的属性功能如表 5.4 所示。

表 5.4　常用的窗体和控件属性

属性名称	功　　能
标题	控件中显示的文字信息
特殊效果	设定控件的显示效果
背景颜色	显示控件中文字的颜色
前景颜色	显示控件底色
默认视图	设置窗体显示的形式，分为"连续窗体"、"单一窗体"、"数据表"3 种
滚动条	显示或隐藏窗体滚动条
记录选定器	其值非"是"即"否"，用于显示或隐藏分隔线
自动居中	其值非"是"即"否"，用于设置窗体显示位置
输入掩码	设置控件输入格式，仅对文本和日期型数据有效
默认值	设定计算型或非绑定型控件的初始值
有效性规则	检查输入的数据是否合法
控件提示文本	设置鼠标经过时显示的提示文本
独占方式	若被设置为"是"，则无法打开其他窗体

5.3.4　窗体和控件的事件

在 Access 中，窗体和控件的事件主要有键盘事件、鼠标事件、窗口事件、对象事件和操作事件等，各种事件类型及说明如表 5.5～5.9 所示。

表 5.5　键 盘 事 件

事件	说　　明
键按下	窗体或者控件处于选中状态时，按下键盘任意键所触发的事件
键释放	窗体或者控件处于选中状态时，释放按下的键所触发的事件
击键	窗体或者控件处于选中状态时，按下并释放一个键时触发的事件

表 5.6　鼠 标 事 件

事件	说　　明
单击	鼠标单击窗体或控件触发的事件
双击	鼠标双击窗体或控件触发的事件
鼠标按下	鼠标在当前对象上按下左键触发的事件
鼠标移动	鼠标在当前对象上移动时触发的事件
鼠标释放	鼠标指针位于窗体或控件上时，释放按下按键时触发的事件

表 5.7 窗 口 事 件

事件	说　　明
打开	窗体打开，第一条记录显示之前触发的事件
关闭	关闭窗体并移出窗体时触发的事件
加载	发生在"打开"之后，打开窗体并显示记录后发生的事件

表 5.8 对 象 事 件

事件	说　　明
获得焦点	窗体或控件接收焦点时触发的事件
失去焦点	窗体或控件失去焦点时触发的事件
更新前	控件或者记录使用更改了的数据更新之前发生的事件
更新后	控件或者记录使用更改了的数据更新之后发生的事件
更改	文本框或组合框部分内容更改时发生的事件

表 5.9 操 作 事 件

事件	说　　明
删除	确认删除和实际执行删除之前触发的事件
插入前	输入了新记录，但还未添加入数据库中时触发的事件
插入后	新记录添加后触发的事件
成为当前	将焦点移动到一条记录，使之成为当前记录
不在列表	输入一个组合框中不存在的数据时触发的事件
确认删除前	删除记录，但还未确认删除或取消删除前触发的事件
确认删除后	确认删除并已经执行删除操作后触发的事件

5.4　美 化 窗 体

窗体创建好后，要使窗体更加美观、漂亮，还要经过进一步的编辑处理。本节将简单介绍几种美化窗体的方法。

5.4.1　主题的应用

主题是修饰和美化窗体的一种快捷方法，是一套统一的设计元素和配色方案，可以使数据库中的所有窗体具有统一的色调。

Access2010 提供了 44 套主题，应用主题的操作步骤一般如下：

(1) 打开窗体的设计视图或布局视图。

(2) 点击"窗体设计工具/设计"子选项卡"主题"组中的"主题"按钮，打开主题列表。

(3) 选择应用列表中的某一主题将直接应用于窗体，如图 5.110 所示。

图 5.110　主题列表

5.4.2　条件格式的应用

条件格式可以根据控件的值按照某个条件设置相应的显示格式。

使用条件格式的操作步骤一般如下:

(1) 打开窗体的设计视图或布局视图。

(2) 选择需要进行条件格式设置的控件。

(3) 点击"窗体布局工具/格式"子选项卡"控件格式"组中的"条件格式命令",打开"条件格式规则管理器"对话框,如图 5.111 所示。

(4) 在该对话框中,对控件的条件格式规则进行新建、编辑和删除,并点击"确定"按钮进行应用。

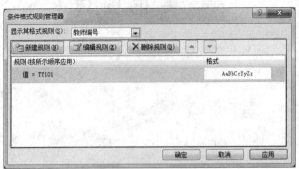

图 5.111　条件格式规则管理器窗口

5.4.3　窗体的布局

窗体的布局主要是指窗体中控件的大小及位置,完成窗体布局的操作主要有以下几种:

(1) 选择控件；

(2) 移动控件；

(3) 调整控件大小；

(4) 对齐控件；

(5) 调整间距；

(6) 调整层叠次序。

选择、移动和调整控件大小通常使用鼠标和键盘即可完成。对齐控件、调整间距和调整层叠次序，一般使用"窗体设计工具/排列"子选项卡"调整大小和排序"组中的相关按钮和命令完成，如图 5.112 所示。

图 5.112　调整控件大小和排序列

5.5　定制系统控制窗体

在 Access 中，通常数据库应用系统的控制窗体可以通过创建导航窗体、设置启动窗体的方式实现。

5.5.1　创建导航窗体

导航窗体可以在所选布局上直接创建导航按钮，并通过这些按钮将已建数据库对象集成在一起形成数据库应用系统。使用导航窗体创建应用系统控制界面更简单，更直观。

【例 5.22】　使用导航窗体为"教学管理系统"创建控制窗体。

具体操作步骤如下：

(1) 将功能区切换到"创建"选项卡，点击"窗体"组中的"导航"按钮打开其下拉列表，如图 5.113 所示。

图 5.113　导航窗体布局类型

(2) 选择"水平标签和垂直标签，左侧"命令，系统将新建导航窗体，如图 5.114 所示。

(3) 在窗体顶部水平标签位置，依次增加"教师管理"、"课程管理"、"学生管理"、"授课管理"、"选课管理" 5 项内容，建立窗体的主导航条，然后再为每项内容增加管理项，如图 5.115 所示。

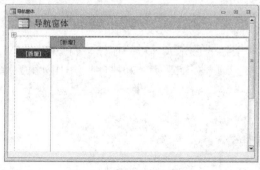 

图 5.114 空白导航窗体　　　　　　图 5.115 教学管理系统导航窗体

(4) 切换至窗体视图，查看导航窗体的运行效果并保存。

5.5.2 设置启动窗体

如果希望在打开数据库时自动打开某一指定的窗体，可以设置其启动属性。设置的一般过程是：

(1) 打开"Access 选项"窗口。

(2) 切换至"当前数据库"页面，在"显示窗体"下拉列表中选择任意一个窗体作为系统启动窗体，如图 5.116 所示。

图 5.116 设置系统启动窗体

本 章 小 结

窗体是 Access2010 的重要对象。窗体作为应用程序的控制驱动界面，将整个系统的对象组织起来，从而形成一个功能完整、风格统一的数据库应用系统。窗体设计的好坏决定了用户对该系统的直观印象。窗体本身不能存储数据，但是可以通过窗体对数据库的数据进行输入、修改和查看。窗体中可以包含各种控件，通过这些控件可以打开报表或其他窗体、执行宏或 VBA 编写的代码程序。在一个数据库应用系统开发完成后，对数据库的所有操作都可以通过窗体这个界面来实现，因此窗体可以看作是一个数据库应用系统的组织者。

习 题

一、选择题

1. 下面关于列表框和组合框的叙述正确的是(　　)。

A. 列表框和组合框可以包含一列或几列数据

B. 可以在列表框中输入新值，而组合框不能

C. 可以在组合框中输入新值，而列表框不能

D. 在列表框和组合框中均可以输入新值

2. 为窗体上的控件设置 Tab 键的顺序，应选择"窗体设计工具/设计"子选项卡中(　　)组的相关命令。

A. 主题　　　　B. 控件　　　　C. 页眉/页脚　　　　D. 工具

3. 下述有关选项组叙述正确的是(　　)。

A. 如果选项组结合到某个字段，实际是组框架内的复选框、选项按钮或切换按钮结合到该字段上

B. 选项组中的复选框可选可不选

C. 使用选项组，只要单击选项组中所需的值，就可以为字段选定数据值

D. 以上说法都不对

4. 窗体具有多种视图，下列不属于窗体视图的是(　　)。

A. 窗体视图　　　B. 设计视图　　　C. 运行视图　　　　D. 布局视图

5. 窗口事件是指操作窗口时所引发的事件，下列不属于窗口事件的是(　　)。

A. 打开　　　　B. 关闭　　　　C. 加载　　　　D. 取消

二、填空题

1. 窗体中的数据来源主要包括表和_____。

2. 窗体由多个部分组成，每个部分称为一个_____。

3. 纵栏式窗体将窗体中的一个显示记录按列分隔，每列的左边显示_____，右边显示_____。

4. 在显示具有_____关系的表或查询中的数据时，子窗体特别有效。

5. 组合框和列表框的主要区别为是否可以在框中_____。

三、问答题

1. 简述窗体的功能及组成。
2. 选项组控件中的选项可以由哪些控件组成?
3. 简述复选框控件、切换按钮控件、选项按钮控件三者的区别。

第 6 章　报表的创建与使用

问题：

　　1. 报表由哪些部分组成?
　　2. 如何创建和设计报表?

引例：

　　"学生选课成绩汇总"报表

　　报表是 Access 提供的数据库对象之一，是数据库中数据信息和文档信息输出的一种形式。利用报表可以输出数据库中数据到屏幕或打印设备。精美且设计合理的报表能使数据清晰地呈现在纸质介质上，用户所要传达的汇总数据、统计与摘要信息一目了然。本章主要介绍报表的一些基本操作，如报表的创建、报表的设计、分组及报表的存储与打印等内容。

6.1　报表的定义与组成

6.1.1　报表的定义

　　报表主要用于对数据库中的数据进行分组、计算、汇总和打印输出，能按照一定的模式显示并打印数据表或者查询中的信息，如学校的学生信息表、教师信息表等。与窗体类似，报表可以通过数据表或查询来创建，但不同的是窗体的特点是便于浏览和输入数据，报表的特点是便于打印和输出。

　　报表的功能包括：可以显示与打印格式化的数据；可以分组组织、汇总数据；可以输出子报表及图表数据，也可以嵌入图像或图片来丰富数据的显示和打印；可以输出标签、发票、订单和信封等多种样式的报表；可以进行计数、求平均、求和等统计计算。

　　在 Access2010 中新增了共享图像库、Office 主题等新功能，条件格式更强大，布局更灵活。

6.1.2　报表的视图

　　在 Access2010 报表对象中，提供了 4 种视图：报表视图、打印预览、布局视图和设计视图。

　　报表视图用于查看报表字体与字号等常规布局的版面设置，是报表设计好后打印的视图；打印预览用来查看报表和各个页面数据输出形态的效果视图；布局视图用于查看、修改报表的布局；设计视图中包含了报表的各个节，通过对节的设置可实现对报表的创建和编辑。四个视图的切换可以通过单击"开始"选项卡"视图"组中的"视图"下拉按钮实现，如图 6.1 所示。

图 6.1 报表视图

6.1.3 报表的组成

通常报表主要包括报表页眉、页面页眉、主体、报表页脚、页面页脚五个部分。打开报表"设计视图"，可以看到报表的五个部分，如图 6.2 所示。

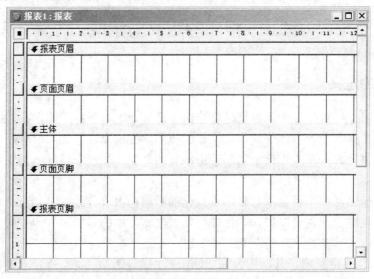

图 6.2 报表的组成

报表页眉：出现在报表的开始处，每份报表只有一个报表页眉。利用报表页眉可以显示报表的标题、图形或说明性文字，起到了显示所浏览数据信息主体的作用。

页面页眉：出现在报表每一页的顶部，用来显示报表中的字段名称或记录的分组名称，报表的每一页有一个页面页眉。

主体：显示表或查询中的数据，是报表显示数据的主要区域。

页面页脚：出现在报表每页的底部，用来显示本页的汇总说明、页码等项目，报表的每一页都有一个页面页脚。

报表页脚：用来显示整份报表的计算汇总、日期或说明性文本等，只打印在报表的结束处。

6.1.4　报表设计区

设计报表时，可以将各种类型的文本和字段控件放在报表设计视图中的各个区域内，逐条处理记录，且根据分组字段的值、页的位置或在报表中的位置使一些操作作用在一些区段。在报表的设计视图中，区段被表示成带状形式，称为"节"。报表中的信息可以安排在多个节中，每个节在页面上和报表中都具有特定的目的并按照设定顺序打印输出。

1．报表页眉节

报表页眉中的任何内容都只能在报表的开始处，并且在报表的第一页只打印一次。在报表页眉中，一般是以大字体将该份报表的标题放在报表顶端的一个标签控件中。如图 6.3 所示，报表页眉节内标题文字为"学生选课成绩汇总"，其将作为报表标题显示在报表输出内容的首页顶端。

可以在报表中设置控件格式属性，以突出显示标题文字，还可以设置颜色或阴影等特殊效果。一般来说，报表页眉主要用于封面。

图 6.3　报表分组显示的设计视图

2．页面页眉节

页面页眉中的文字或控件一般输出显示在每页的顶端，它通常用来显示数据的列标题。页面页眉节内安排的标题会显示在输出报表每页的顶端作为数据列标题。在报表输出的首页，这些列标题显示在报表页眉的下方。还可以给每个控件文本标题加上特殊的效果，如颜色、字体种类和字号大小等。

一般来说，把报表的标题放在报表页眉中，该标题打印时仅在第一页的开始位置出现。

如果将报表的标题移动到页面页眉中，则该标题在每一页上都显示。

3. 组页眉节

根据需要，在报表设计 5 个基本节区域的基础上，还可以使用"分组与排序"属性来设置"组页眉/组页脚"区域，以实现报表的分组输出和分组统计。组页眉节内主要安排文本框或其他类型控件来显示分组字段等数据信息。

图 6.3 提供的"学生选课成绩"报表中，是以学生"学号"进行分组显示的设计视图。

4. 主体节

主体节用来处理每条记录，其字段数据均须通过文本框或其他控件(主要是复选框和绑定对象框)绑定显示，也可以包含计算的字段数据。

根据主体节内字段数据的显示位置，报表又可划分为多种类型。关于报表分类，将在 6.2 节中详细介绍。

5. 组页脚节

组页脚节内主要安排文本框或其他类型控件来显示分组统计数据。

在实际操作中，组页眉和组页脚可以根据需要单独设置使用，也可以从"设计"选项卡中选择"分组与排序"选项进行设定。如图 6.3 所示，组页脚节中设置各个学生平均成绩的汇总。

6. 页面页脚节

页面页脚节一般包含页码或控制项的合计内容，数据显示安排在文本框和其他类型控件中。

7. 报表页脚节

报表页脚节内容一般是在所有的主体和组页脚被输出完成后才会打印在报表的最后面。通过在报表页脚区域安排文本框或其他类型控件，可以显示整个报表的计算汇总或其他统计数字信息。如图 6.3 所示，报表页脚节中设置全体学生总平均成绩的汇总。

6.2 报表的分类

根据报表结构不同，报表主要分为纵栏式报表、表格式报表、标签式报表和数据透视表报表 4 种类型。

1. 纵栏式报表

纵栏式报表(也称为窗体式报表)一般在一页中主体节区内显示一条或多条记录，而且以垂直方式显示。纵栏式报表记录的字段标题信息与字段记录数据一起被安排在每页的主体节区内显示。

这种报表可以安排显示一条记录的区域，也可同时显示一对多关系的"多"端的多条记录的区域，甚至包括合计。

2. 表格式报表

表格式报表也称为分组/汇总报表，它以整齐的行、列形式显示记录数据，通常一行显示一条记录，一页显示多行记录。表格式报表与纵栏式报表不同，其记录数据的字段标题信息不是被安排在每页的主体节区内显示，而是安排在页面页眉节显示。

3. 标签式报表

标签是用来标识目标的分类或内容的便于查找和定位目标的工具，是一种特殊类型的报表。在实际应用中经常会用到标签，如物品标签、客户标签等。

4. 数据透视表报表

数据透视表报表是一种用透视表的形式组成的报表。

在上述各种类型报表的设计过程中，根据需要可以在报表页中显示页码、报表日期甚至使用直线或方框等来分隔数据。此外，报表设计可以同窗体设计一样设置颜色和阴影等外观属性。

6.3　创建报表

Access2010 创建报表的方式和创建窗体基本相同。在"创建"选项卡中"报表"组提供多种创建报表的按钮，如图 6.4 所示。

图 6.4　"创建"选项卡中的"报表"组

使用"报表"工具可创建当前查询或表中数据的表格式报表，其中包含了数据源中的所有字段。

使用"报表设计"工具可在设计视图中新建一个空报表，也可给现有报表添加所需的字段和控件。

使用"空报表"工具可新建空报表，并同时显示出字段列表任务窗格。当字段被从字段列表中拖到报表中时，Access 将创建一个嵌入式查询并将其存储在报表的数据源属性中。

使用"报表向导"工具可在多步骤向导的引导下完成报表设计。

使用"标签"工具可在标签向导引导下创建标准标签或自定义标签。

实际应用过程中，一般可以首先使用"报表"工具自动创建表格式报表或利用向导功能快速创建报表结构，然后在设计视图环境中对其外观、功能加以"修缮"，这样可大大提高报表设计的效率。

6.3.1　使用"报表"工具创建报表

"报表"功能是一种快速创建报表的方法。使用该功能应先选择表或查询作为报表的数据源，然后选择报表工具，最后会自动生成基本的表格式报表，并显示数据源所有字段的记录数据。

【例 6.1】　在"教学管理"数据库中，使用"报表"工具创建学生信息报表。

操作步骤如下：

(1) 在 Access 中打开"教学管理"数据库文件，在导航窗格中选择"学生"表作为报表数据源。

(2) 单击功能区中"创建"选项卡下"报表"组中的"报表"按钮，就会创建出如图 6.5 所示的报表，且在布局图中显示所创建的报表。

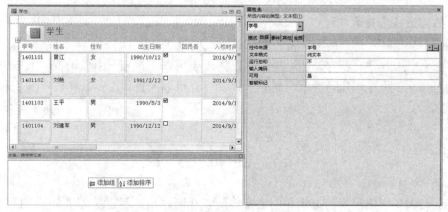

图 6.5　学生信息报表

(3) 单击快速访问工具栏上的"保存"按钮，命名为"学生信息报表"并保存。

6.3.2　使用"报表向导"创建报表

使用"报表向导"创建报表，"报表向导"会提示用户输入相关的数据源、字段和报表版面格式等信息，根据向导提示可以完成大部分报表设计的基本操作，加快了创建报表的过程。

【例 6.2】　以"教学管理"数据库文件中"教师"和"课程"表为基础，利用"报表向导"创建"教师授课情况报表"。

具体操作步骤如下：

(1) 打开"教学管理"数据库，单击"创建"选项卡"报表"组中的"报表向导"按钮，系统弹出报表向导"请确定报表上使用哪些字段："对话框，分别从"教师"表中选择"教师编号"、"姓名"、"性别"、"职称"等字段，从"课程"表中选择"课程编号"、"课程名称"、"课程性质"等字段，如图 6.6 所示，单击"下一步"按钮。

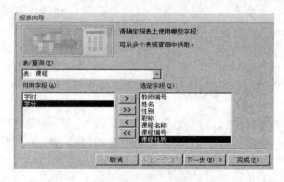

图 6.6　确定报表中使用的字段

(2) 确定数据的查看方式。系统弹出报表向导"请确定查看数据的方式："对话框，选择"通过教师"，如图 6.7 所示，然后单击"下一步"按钮。

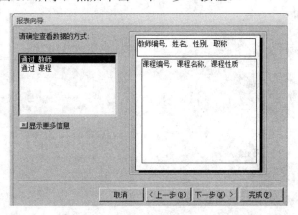

图 6.7　确定确定查看数据的方式

(3) 确定分组的级别。在系统弹出的"是否添加分组级别？"对话框中，选择"教师编号"分组，如图 6.8 所示，单击"下一步"按钮。

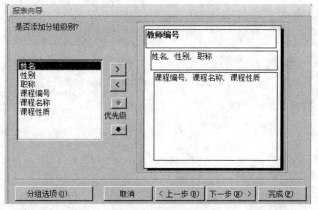

图 6.8　添加分组级别

(4) 确定数据的排序次序和汇总信息。当定义好分组后，用户可以指定主体记录的排序次序。这里我们选择"课程编号"进行排序，如图 6.9 所示，然后单击"下一步"按钮。

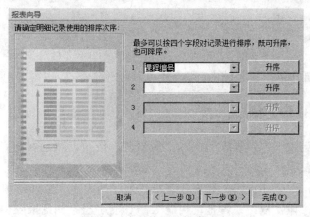

图 6.9　确定数据的排序次序

(5) 确定报表的布局方式。在如图 6.10 所示的 "请确定报表的布局方式:" 对话框中, 用户可以选择报表的布局样式。本例中 "布局" 选择为 "递阶", 纸张方向选择为 "横向", 单击 "下一步" 按钮。

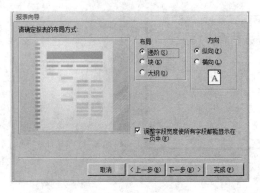 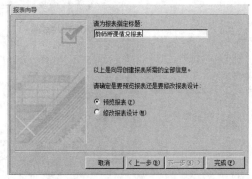

图 6.10　确定布局方式　　　　　　　　图 6.11　为报表指定标题

(6) 为报表指定标题。在如图 6.11 所示的 "请为报表制定标题:" 对话框中, 输入报表标题 "教师授课情况报表", 单击 "完成" 按钮就可以得到报表打印预览效果, 如图 6.12 所示, 用户可以使用垂直和水平滚动条来调整预览报表。

教师编号	姓名	性别	职称	课程编号	课程名称	课程性质
TY101						
	王刚	男	教授			
				001	大学计算机基础	必修课
				002	C语言程序设计	必修课
TY102						
	李华	男	副教授			
				003	数据库技术与应用	必修课
TY103						
	王梅	女	副教授			
				004	多媒体计算机技术	选修课
TY104						
	张玲	女	讲师			
				005	计算机原理	选修课
TY105						
	王忠	男	教授			

图 6.12　"教师授课情况报表" 打印预览效果

在报表向导设计出的报表基础上, 用户还可以做一些修改, 以得到更加完善美观的报表。

6.3.3　使用 "空报表" 创建报表

单击 "创建" 选项卡 "报表" 组中的 "空报表" 按钮, Access 将在布局视图中打开一个空报表, 并在报表的右边显示 "字段列表" 窗格, 如图 6.13 所示。在右侧的 "字段列表" 窗格中, 可显示出该数据库中的所有表, 单击 "显示所有表" 后, 再单击表前的加号(+)可显示该表中的所有字段, 双击或者拖动可将要添加的字段添加到报表中。

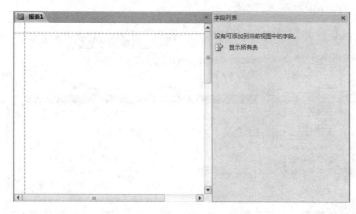

图 6.13　"空报表"视图

例如，在打开"教学管理"数据库后，利用"空报表"工具在字段列表中单击"显示所有表"后，点击"教师"表前加号(+)，双击"教师编号"、"姓名"、"职称"等字段或将其拖动到报表中，可以在布局视图中完成教师信息报表的创建，如图 6.14 所示。

图 6.14　利用"空白报表"创建报表

使用"设计"选项卡"页眉/页脚"组中的工具还可向报表添加徽标、标题或日期和时间。

使用"设计"选项卡"控件"组中的工具可将更多类型的控件添加到报表中。

6.3.4　使用"标签"工具创建报表

在日常工作中，可能需要制作一些"教师信息"、"客户信息"、"物品信息"等标签。在 Access 中，用户可以使用"标签"工具快速地制作标签报表。

【例 6.3】　制作教师信息标签报表。

操作步骤如下：

(1) 在 Access 中打开"教学管理"数据库文件，在导航窗格中选择"教师"表作为报表数据源。单击"创建"选项卡"报表"组中的"标签"工具，系统弹出如图 6.15 所示的对话框。在该对话框中，可以选择标准型号的标签，也可以自定义标签的大小。这里选择

"C2166"的标签样式。

图 6.15　选择标签样式

(2) 单击"下一步"按钮，选择标签字体和字号。在打开的如图 6.16 所示的对话框中根据自己的爱好或实际需要选择适当的字体、字号、字体粗细、文本颜色。

图 6.16　选择标签字体和字号

(3) 单击"下一步"按钮，在如图 6.17 所示的对话框中设置标签内容。用户可以根据自己的需要选择创建标签要使用的字段，也可以直接输入所需文本。

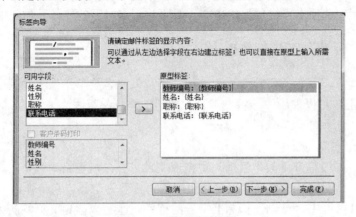

图 6.17　设计原型标签

(4) 单击"下一步"按钮,选择排序字段。这时屏幕提示用户选择"请确定按哪些字段排序",这里选择教师"教师编号"。

(5) 单击"下一步"按钮,指定标签名称。这时屏幕显示"标签向导"的最后一个对话框,在此可以为新建的标签命名为"教师信息",单击"完成"按钮。

至此,根据用户的要求创建了"教师信息"标签,如图 6.18 所示。

教师编号:TY101	教师编号:TY102
姓名:王刚	姓名:李华
职称:教授	职称:副教授
联系电话:13112345678	联系电话:89369871

图 6.18　设计完成的"教师信息"标签(局部)

6.3.5　使用"报表设计"视图创建报表

除可以使用"报表"工具和"报表向导"创建报表外,Access 中还可以从"报表设计"视图开始创建一个新报表或对现有报表进行进一步编辑。使用"报表设计"视图创建报表的优点在于能够让用户随心所欲地设定报表形式、外观及大小等。主要操作过程有:创建空白报表并选择数据源;添加页眉、页脚;布置控件显示数据、文本和各种统计信息;设置报表排序和分组属性;设置报表和控件外观格式、大小、位置和对齐方式等。

【例 6.4】　使用报表"设计"视图来创建"学生选课成绩"报表。

具体操作步骤如下:

(1) 在 Access 中打开"教学管理"数据库。

(2) 单击"创建"选项卡"报表"组中的"报表设计"按钮,在显示的设计视图中会打开一个空白报表,此时的空白报表包含"页面页眉"、"主体"和"页面页脚"节。通过单击鼠标右键利用快捷菜单添加"报表页眉/页脚"节,如图 6.19 所示。同样,"报表页眉/页脚"和"页面页眉/页脚"也可通过单击鼠标右键利用快捷菜单进行删除。

图 6.19　空白报表的设计视图

(3) 单击"设计"选项卡"工具"组中的"添加现有字段",打开字段列表窗格,如图 6.20 所示。单击"显示所有表"后,字段列表显示出数据库中所有表的全部字段。

图 6.20 空白报表的设计视图

(4) 添加报表标题。报表标题只出现在报表的顶端,所以应放置在工作区的"报表页眉"节中。使用"控件"组中的标签控件设置报表标题。

具体操作是:单击"控件"组中的"标签控件",松开鼠标左键将光标移入报表页眉区,再按下鼠标左键,拖出一个框在框中输入"学生选课成绩"。选中整个标签框,单击"报表设计工具"组中的"格式"设置标题文本的颜色、字体和字号等格式。本例中设置的标签格式为:字号 20 磅,居中。标题格式的设置也可通过单击右键后选择"属性",在"属性表"相应栏目中进行设置。

(5) 添加字段信息。在字段列表中选择"学号"、"姓名"、"课程名称"、"学分"和"成绩" 5 个字段拖到报表"主体"节里。或从控件工具箱向主体节中添加 5 个文本框控件(产生 5 个附加标签),分别设置文本框的控件源属性"学号"、"姓名"、"课程名称"、"学分"和"成绩"。

(6) 添加页标题。页标题出现在每一页顶端,应放置在"页面页眉"节中。将主体节区的"学号"、"姓名"、"课程名称"、"学分"和"成绩" 5 个标题标签控件剪切,粘贴到页面页眉节区,然后调整各个控件的布局、大小、位置及对齐方式等。或直接添加"学号"、"姓名"、"课程名称"、"学分"和"成绩" 5 个标题标签。

(7) 修正报表页面页眉节和主体节的高度,以合适的尺寸容纳其中包含的控件。

(8) 利用"视图"按钮切换到"打印预览"视图查看报表显示,然后以"学生选课成绩"命名并保存报表。

通过上述操作过程，最终形成的报表设计视图如图 6.21 所示。

图 6.21　"学生选课成绩"报表的设计视图

6.4　编　辑　报　表

在报表的"设计"视图中可以对已经创建的报表进行编辑和修改，主要操作项目有设置报表格式、添加背景图案、添加日期和时间等。

6.4.1　设置报表格式

为了使报表显示的内容更加美观和实用，通常需要对报表的布局、格式等进行设置。

1. 添加或删除报表页眉/页脚和页面页眉/页脚

在设计视图中的编辑区域单击鼠标右键，选择快捷菜单中"报表页眉/页脚"或"页面页眉/页脚"可以添加或删除相应的节。注意，页眉和页脚只能成对同时添加。如果不需要页眉或页脚，可以在"属性表"中将该节的"可见性"属性设为"否"，或者删除该节的所有控件，然后将其"高度"属性设为 0。

如果删除页眉和页脚，Access 将同时删除页眉和页脚中的所有控件。

2. 改变节的大小

可以单独改变报表上各个节的大小。但是，报表只有唯一的宽度，改变一个节的宽度将改变整个报表的宽度。

将鼠标放在节的底边(改变高度)或右边(改变宽度)上，上下拖动鼠标改变节的高度，或左右拖动鼠标改变节的宽度。也可以将鼠标放在节的右下角上，然后沿对角线的方向拖动鼠标，同时改变高度和宽度。

3. 为报表中的节或控件创建自定义颜色

如果调色板中没有需要的颜色，用户可以利用节或控件的"属性表"中的"前景颜色"(对控件中的文本)、"背景颜色"或"边框颜色"等属性框，并配合使用"颜色"对话框来进行相应的颜色设置。

6.4.2　添加背景图案

为报表添加背景图片以增强显示效果。具体操作如下：

(1) 在导航窗格中，点击鼠标右键打开需要添加背景图像的报表，然后单击"布局视图"，进入报表的布局视图。

(2) 单击"格式"选项卡"工具"组中的"属性表"按钮。

(3) 在"属性表"中选择"报表"类型，并在下方选择"图片"属性进行背景图片的插入。

(4) 设置背景图片的其他属性，主要有：在"图片类型"属性框中选择"嵌入"、"链接"或"共享"等图片方式；在"图片缩放模式"属性框中选择"剪辑"、"拉伸"、"缩放"、"水平拉伸"或"垂直拉伸"等图片大小调整方式；在"图片对齐方式"属性框中选择"左上"、"右上"、"中心"、"左下"和"右下"等图片对齐方式；在"图片平铺"属性框中选择"是"或"否"等平铺背景图片方式；在"图片出现的页"属性框中选择"所有页"、"第一页"或"无"等显示背景图片方式。

6.4.3　添加日期和时间

为了便于查阅，通常需要在页眉或页脚中加入日期和时间信息。

操作步骤如下：

(1) 在"报表设计"视图中打开报表。

(2) 单击"页眉/页脚"组中的"日期和时间"按钮，打开"日期和时间"对话框，如图 6.22 所示。

图 6.22　添加"日期和时间"对话框

(3) 在打开的"时间和日期"对话框中，按需要选择"包含日期"和"包含时间"复选框，并选择需要的日期和时间的显示格式，单击"确定"按钮即可。

此外，也可在报表上添加一个文本框，通过在其"属性表"中设置其"控制来源"属性为日期或时间的计算表达式(如 =Date()或 Time()等)来显示日期和时间。该控件位置也可以安排在报表的任何节区里。

6.4.4　添加分页符和页码

1. 在报表中添加分页符

在报表中，可以在某一节中使用分页控制符来标示要另起一页的位置。具体操作步骤如下：

(1) 在"报表设计"视图中打开需要添加分页符的报表。

(2) 单击"控件"组中的"分页符"按钮。

(3) 单击报表中需要设置分页符的位置，这时分页符会以短虚线标示在报表的左边界上。

注意：分页符应设置在某个控件之上或之下，以避免拆分该控件中的数据。

2. 在报表中添加页码

当报表页数比较多时，需要在报表中添加页码。在报表中添加页码的操作步骤如下：

(1) 在设计视图中打开需要添加页码的报表。

(2) 单击"页眉/页脚"组中的"页码"按钮，打开"页码"对话框，如图 6.23 所示。

图 6.23　"页码"对话框

(3) 在"页码"对话框中，根据需要选择相应的页码格式、位置和对齐方式。对齐方式有下列选项：

左：在左页边距添加文本框；

居中：在左、右页边距的正中添加文本框；

右：在右页边距添加文本框；

内：在左、右页边距之间添加文本框，奇数页打印在左侧，而偶数页打印在右侧；

外：在左、右页边距之间添加文本框，偶数页打印在左侧，而奇数页打印在右侧。

(4) 如果要在第一页显示页码，选中"首页显示页码"复选框。

6.4.5　绘制线条和矩形

在报表设计中，经常需要通过添加线条或矩形来修饰版面，以达到一个更好的显示效果。

1. 在报表中绘制线条

在报表中绘制线条的具体操作步骤如下：

(1) 在"报表设计"视图中打开需要绘制线条的报表。

(2) 单击报表设计工具中"设计"选项卡"控件"组中的"直线"工具。

(3) 单击报表的任意处可以创建默认大小的线条，或通过单击并拖动的方式来创建自定义大小的线条。

如果要细微调整线条的长度或角度,可单击线条,然后按下 Shift 键并同时按下方向键中的任意一个。如果要细微调整线条的位置,则应按下 Ctrl 键并同时按下方向键中的任意一个。

利用"工具"组中的"属性表"按钮,可以在属性表中更改线条样式(实线、虚线和点画线等)和边框样式等属性。

2. 在报表上绘制矩形

在报表上绘制矩形的具体操作步骤如下:

(1) 在设计视图中打开需要绘制矩形的报表。

(2) 单击报表设计工具中"设计"选项卡"控件"组中的"矩形"工具。

(3) 单击报表的任意处可以创建默认大小的矩形,或通过单击并拖动的方式创建自定义大小的矩形。

利用"工具"组中的"属性表"按钮,可以在属性表中分别更改线条样式(实线、虚线和点画线等)和边框样式等属性。

6.5   报表排序和分组

缺省情况下,报表中的记录是按照自然顺序即数据输入的先后顺序来排列显示的。在实际应用过程中,经常需要按照某个指定的顺序来排列记录,例如,按照年龄从小到大排列等,称为报表"排序"操作。此外,设计报表时还经常需要就某个字段的值是否相等来将记录划分成组,从而进行一些统计操作并输出统计信息,这就是报表的"分组"操作。

6.5.1   记录排序

使用"报表向导"创建报表时,操作向导会提示设置报表中的记录排序。"报表向导"中设置字段排序,最多一次设置 4 个字段,并且限制排序只能是字段,不能是表达式。实际上,一个报表最多可以安排 10 个字段或字段表达式进行排序。

在"分组与排序"对话框中,选择第一排序依据及其排序次序(升序或降序);如果需要,可以在第二行设置第二排序字段,以此类推,可设置多个排序字段。

在报表中设置多个排序字段时,先按第一排序字段值排列,第一排序字段值相同的记录再按第二排序字段值去排序,以此类推。

6.5.2   记录分组

分组是指报表设计时按选定的某个(或几个)相等的字段值将记录划分成组的过程。操作时,先选定分组字段,再将这些字段上字段值相等的记录归为同一组,字段值不等的记录归为不同组。

报表通过分组可以实现同组数据的汇总和显示输出,增强了报表的可读性,提高了信息的利用率。一个报表中最多可以对 10 个字段或表达式进行分组。

【例 6.5】 设计报表对学生成绩进行分组统计。

操作步骤如下：

(1) 打开"教学管理"数据库。

(2) 按照要求设计报表的数据源为"学生选课成绩"查询。

(3) 在设计视图中创建一个空白报表，在"属性表"设置报表"记录源"属性为查询"学生选课成绩"，如图 6.24 所示。

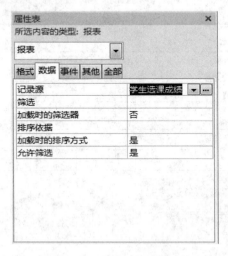

图 6.24 设置"记录源"属性

(4) 单击"工具"组中"添加现有字段"按钮，将字段列表中"学号"、"姓名"、"课程名称"、"学分"和"成绩"字段拖至报表，再将文本框和附加标签分别移到报表主体和页面页眉节区里，并在报表页眉节添加一个标签控件，输入报表标题"学生选课成绩汇总"，切换到"格式"中适当设置其字体、字号等格式。也可单击"工具"组中"属性表"工具，设置标题字体、字号等格式。设置完毕后设计视图如图 6.25 所示。

图 6.25 添加标题和字段的报表布局

(5) 将"格式"选项卡切换到"设计"选项卡，单击"分组和汇总"组中"分组和排序"按钮，打开"分组、排序和汇总"对话框。在"分组、排序和汇总"对话框中，单击"添加组"按钮，选择"学号"字段作为分组字段，如图 6.26 所示。

6.26　添加分组字段

（6）在"分组、排序和汇总"对话框中设置更多选项和添加汇总。如图 6.27 所示，设置分组形式为以"学号"字段的"整个值"划分组，排序次序为"升序"；设置"有页眉节"、"有页脚节"，以显示组页眉和页脚；设置"不将组放在同一页上"，以指定打印时组页眉、主体和组页脚不在同页上，若设置为"将整个组放在同一页上"，则组页眉、主体和组页脚会打印在同一页上。

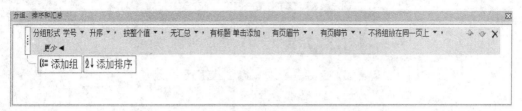

图 6.27　设置报表分组属性

（7）设置完分组后，报表中添加了组页眉和组页脚两个节区，分别用"学号页眉"和"学号页脚"来标识；将主体节内的"学号"和"姓名"两个文本框移至"学号页眉"节，设置其格式：字体为"宋体"，字号为 11 磅。

分别在"学号页脚"节和"报表页脚"节内添加一个"控件源"，作为计算成绩平均值表达式的绑定文本框及相应附加标签；在"页面页脚"节，添加一个绑定文本框以输出显示报表页码信息，如图 6.28 所示。

图 6.28 设置组页眉和组页脚区的内容

(8) 将视图切换到"打印预览"视图，预览上述分组数据，如图 6.29 所示。从图中可以看到分组显示的统计效果。

(9) 命名并保存报表。

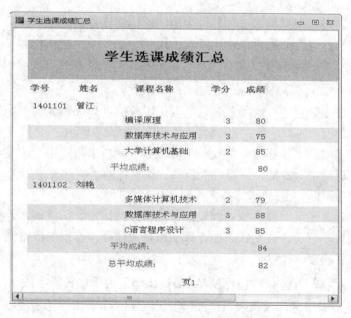

图 6.29 用"学号"字段分组显示(局部)

6.6 使用计算控件

报表设计过程中，除在版面上布置绑定控件直接显示字段数据外，还经常要进行各种运算并将结果显示出来。例如，报表设计中页码的输出、分组统计数据的输出等均是通过设置绑定控件的控件源为计算表达式来实现的，这些控件就称为计算控件。

6.6.1 报表添加计算控件

计算控件的控件源是计算表达式，当表达式的值发生变化时，会重新计算结果并输出显示。文本框是最常用的计算控件。

【例6.6】 在"学生信息"报表设计中，可根据学生的"出生日期"字段值使用计算控件来计算学生的年龄。

操作步骤如下：

(1) 使用"报表"工具设计出以"学生"表为数据源的一个表格式报表。

(2) 在设计视图中，将页面页眉节内的"出生日期"标签标题更改为"年龄"。

(3) 在主体节内选择"出生日期"绑定文本框，打开其"属性表"窗格，选择"数据"卡片，设置"控件来源"属性为计算年龄的表达式"=Year(Date())-Year{[出生日期]}"。注意：计算控件的控件源必须是以"="开头的一个计算表达式。

(4) 切换到"打印预览"视图，预览报表中的计算控件显示。

(5) 命名并保存报表。

6.6.2 报表统计计算

报表设计中，可以根据需要进行各种类型的统计计算并输出显示，操作方法就是使用计算控件设置其控件源为合适的统计计算表达式。

在 Access 中，利用计算控件进行统计计算并输出结果的操作主要有以下两种形式：

1. 主体节内添加计算控件

在主体节内添加计算控件对每条记录的若干字段值进行求和或求平均计算时，只要设置计算控件的控件源为不同字段的计算表达式即可。例如，当在一个报表中列出学生 3 门课"大学计算机基础"、"C 语言程序设计"和"数据库技术与应用"的成绩时，若要对每位学生计算 3 门课的平均成绩，只要设置新添计算控件的"控件来源"为"=([大学计算机基础] + [C 语言程序设计] + [数据库技术与应用])/3"即可。

这种形式的计算还可以前移到查询设计中，以改善报表操作性能。若报表数据源为表对象，则可以创建一个选择查询，添加计算字段完成计算；若报表数据源为查询对象，则可以再添加计算字段完成计算。

2. 组页眉/组页脚节区内或报表页眉/报表页脚节区内添加计算字段

在组页眉/组页脚节区内或报表页眉/报表页脚节区内，添加计算字段对某些字段的一组记录或所有记录进行求和或求平均值计算，一般是对报表字段列的纵向记录数据进行统计，而且要使用 Access 提供的内置统计函数(Count 函数完成计数，Sum 函数完成求和，Avg 函数完成求平均值)来完成相应计算操作。例如，要计算上述报表中所有学生的"大学计算机基础"课程的平均分成绩，需要在报表页脚节内对应"大学计算机基础"字段列的位置添加一个文本框计算控件，设置其"控件来源"属性为"=Avg([大学计算机基础])"即可。

如果是进行分组统计并输出，则统计计算控件应该布置在"组页眉/组页脚"节区内的相应位置，然后使用统计函数设置控件源即可。

本 章 小 结

报表和窗体类似，其数据来源于数据表或查询。窗体的特点是便于浏览和输入数据，报表的特点是便于打印和输出数据。报表能够按照用户需求的详细程度来概括和显示数据，并且可以用多种格式来观看和打印数据。可打印输出标签、发票、订单和信封等多种格式；可以进行计数、求平均、求和等统计计算；可以在报表中嵌入图像或图片来丰富数据显示的内容。

习 题

一、选择题

1. 以下叙述正确的是(　　)。

A. 报表只能输入数据　　　　　　　　　　B. 报表只能输出数据

C. 报表可以输入和输出数据　　　　D. 报表不能输入和输出数据

2. 要实现报表的分组统计，其操作区域是(　　)。

A. 报表页眉或报表页脚区域　　　　B. 页面页眉或页面页脚区域

C. 主体区域　　　　　　　　　　D. 组页眉或组页脚区域

3. 关于报表数据源设置，以下说法正确的是(　　)。

A. 可以是任意对象　　　　　　　B. 只能是表对象

C. 只能是查询对象　　　　　　　D. 只能是表对象或查询对象

4. 要设置只在报表最后一页主体内容之后输出的信息，需要设置(　　)。

A. 报表页眉　　　　　　　　　　B. 报表页脚

C. 页面页眉　　　　　　　　　　D. 页面页脚

5. 在报表设计中，以下可以做绑定控件显示字段数据的是(　　)。

A. 文本框　　　　B. 标签　　　　C. 命令按钮　　　　D. 图像

6. 要设置在报表每一页的底部都输出信息，需要设置(　　)。

A. 报表页眉　　　　B. 报表页脚　　　　C. 页面页眉　　　　D. 页面页脚

二、填空题

1.完整报表设计通常由报表页眉、＿＿＿＿＿＿＿＿、＿＿＿＿＿＿＿＿、＿＿＿＿＿＿＿＿、＿＿＿＿＿＿＿＿、＿＿＿＿＿＿＿＿和组页脚 7 个部分组成。

2. 在 Access 中，报表设计时分页符以＿＿＿＿＿＿＿＿标志显示在报表的左边界上。

3. 在 Access 中，"自动创建报表"分为＿＿＿＿＿＿＿＿和＿＿＿＿＿＿＿＿两种。

4.Access 的报表对象的数据源可以设置为＿＿＿＿＿＿＿＿。

三、简答题

1. Access 报表的结构是什么？由哪几部分组成？

2. 美化报表可以从哪些方面入手？

第 7 章　宏的建立和使用

问题：

 1. 使用宏可以做什么？

 2. 如何建立和使用宏？

引例：

 "欢迎消息"宏

  宏是一些操作的集合，使用这些"宏操作"(以下简称"宏")可以使用户更加方便快捷地操纵 Access 数据库系统。在 Access 数据库系统中，通过直接执行宏或者使用包含宏的用户界面，可以完成许多繁杂的人工操作；而在许多其他数据库管理系统中，要想完成同样的操作，就必须通过编程的方法才能实现。编写宏的时候，不需要记住各种语法，每个宏操作的参数都显示在宏的设计环境里，设置简单。本章介绍如何在 Access 中创建和使用宏，主要内容有宏的基本概念、宏的创建以及宏的调试和运行。

7.1　宏　的　概　念

  宏是 Access 的一个重要对象，并不直接处理数据库中的数据，是组织 Access 数据处理对象的工具，其主要功能就是使操作自动进行。

7.1.1　宏的基本概念

  宏是由一个或多个操作组成的集合，其中的每个操作能够自动地实现特定的功能。在 Access 中，可以为宏定义各种类型的操作，例如打开和关闭窗体、显示及隐藏工具栏、预览或打印报表等。通过执行宏，Access 能够有次序地自动执行一连串的操作。

  宏可以是包含操作序列的一个宏，也可以是一个宏组。如果设计时有很多的宏，将其分类组织到不同的宏组中会有助于对数据库的管理。使用条件表达式可以决定在某些情况下运行宏时，某个操作是否运行。

  Access2010 进一步增强了宏的功能，使得宏的创建更加方便，宏的功能更加强大，使用宏可以完成更为复杂的工作。利用宏，可以实现以下一些操作：

  (1) 在首次打开数据库时，执行一个或一系列操作。

  (2) 建立自定义菜单栏。

  (3) 从工具栏上的按钮执行自己的宏或者程序。

  (4) 将筛选程序加到各个记录中，从而提高记录查找的速度。

(5) 可以随时打开或者关闭数据库对象。

(6) 可以设置窗体或报表控件的属性值。

(7) 显示各种信息，并能够使计算机扬声器发出报警声，以引起用户的注意。

(8) 实现数据自动传输，可以自动地在各种数据格式之间导入或导出数据。

(9) 可以为窗体定制菜单，并可以让用户设计其中的内容。

图 7.1 是宏的一个示例，它被命名为"欢迎消息"宏。这个宏中只包含一个 MessageBox 操作，用于打开一个提示窗口，运行后显示"欢迎使用本教学管理系统"信息，效果如图 7.2 所示。

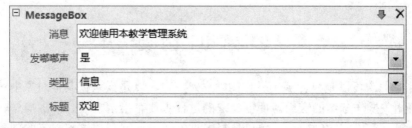

图 7.1　宏设计示例

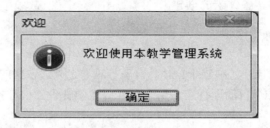

图 7.2　宏运行示例

Access 系统中，宏的保存都需要命名，命名方法与其他数据库对象相同。宏是按名调用的。需要注意的是宏中包含的每个操作也有名称，但都是系统提供、用户选择的操作命令，其名称用户不能随意更改。此外，一个宏中的各个操作命令运行时一般都会被执行，不会只执行其中的部分操作，但如果设计了条件宏，有些操作就会根据条件情况来决定是否执行。

7.1.2　宏与 Visual Basic

Access 中宏的操作都可以在模块对象中通过编写 VBA(Visual Basic for Application)语句来达到相同的功能。选择使用宏还是 VBA 取决于要完成的任务。

当要进行以下操作时，应该使用 VBA 而不要使用宏

(1) 数据库的复杂操作和维护。

(2) 自定义过程的创建和使用。

(3) 一些错误处理。

7.1.3　宏向 Visual Basic 程序转换

在 Access 中提供了将宏转换为等价的 VBA 事件过程或模块的功能。转换操作分为两

种情况：转换窗体或报表中的宏和转换不属于任何窗体与报表的全局宏。

转换步骤如下：

(1) 在导航窗格中，右键单击宏对象，然后单击"设计视图"。

(2) 在"设计"选项卡的"工具"组中单击"将宏转换为 Visual Basic 代码"按钮。

(3) 在"转换宏"对话框中，指定是否要将错误处理代码和注释添加到 VBA 模块，然后单击"转换"。

Access 确认宏已转换后打开 Visual Basic 编辑器，在导航窗格"模块"对象中双击被转换的宏，以查看和编辑模块。

7.2 宏 的 创 建

Access 里的宏可以是包含多个操作的独立宏，也可以是嵌入在其他对象中的嵌入宏，还可以是将相关操作分组的宏组。而创建宏的过程主要有指定宏名、添加操作、设置参数及提供备注等。完成宏的创建后，可以选择多种方式来运行和调试宏。宏的创建主要包括独立宏、嵌入宏、子宏、条件宏的创建。

7.2.1 独立宏的创建

独立宏是独立的对象，它独立于窗体、报表等对象之外。独立的宏在导航窗格中可见。

【例 7.1】 创建一个自动运行宏，用来打开"教学管理"的登录窗体。

具体操作步骤如下：

(1) 首先使用窗体设计视图创建一个登录窗体。登录窗体上包括一个文本框，用来输入密码；一个命令按钮，用来验证密码；还有窗体标题和图片。该登录窗体的创建结果如图 7.3 所示。

图 7.3 登录窗体

(2) 在"创建"选项卡的"宏与代码"组中单击"宏"，打开"宏生成器"。

(3) 在"添加新操作"列表中选择操作"OpenForm"。单击"窗体名称"下拉箭头，在列表中选择"登录"窗体，其他参数默认，如图 7.4 所示。

(4) 在"快捷工具栏"中单击"保存"按钮，以"AutoExec"名称保存宏。这样以后启动教学管理系统时，AutoExec 自动执行，打开图 7.3 所示的"登录"窗体。

OpenForm	
窗体名称	登录
视图	窗体
筛选名称	
当条件 =	
数据模式	
窗口模式	普通

更新参数

图 7.4　操作参数的设置

7.2.2　嵌入宏的创建

嵌入宏和独立宏不同，嵌入宏存储在窗体、报表或控件的事件属性中。嵌入宏并不作为对象显示在"导航窗体"中的"宏"下面。在每次复制、导入或导出窗体或报表时，嵌入宏仍附于窗体或报表中。

【例 7.2】　在"教师信息"窗体上添加查询功能，使得当输入教师姓名时能够实现按教师姓名查询，并输出查询结果。

具体操作步骤如下：

(1) 首先创建如图 7.5 所示的"教师信息"窗体。

教师信息			
教师编号	TY101	职称	教授
姓名	王刚	电子邮件	
性别	男	电话	13112345678

记录 ｜◀ 第 1 项(共 7 项) ▶ ▶▶ ▒ 无筛选器　搜索

图 7.5　"教师信息"窗体

(2) 以"设计视图"方式打开"教师信息"窗体，添加非绑定文本框，修改属性，将"名称"改为"txt 教师姓名"；修改随其一起添加的标签，将其"标题"属性改为"要查询的教师姓名"；添加命令按钮，修改属性，将"名称"和"标题"都改为"运行查询"，如图 7.6 所示。

图 7.6　"教师信息"窗体中添加控件

(3) 鼠标移至"运行查询"按钮，右键单击，弹出快捷菜单，点击"事件生成器"，打开"选择生成器"窗口，选择"宏生成器"，单击"确定"按钮，如图 7.7 所示。

图 7.7 "选择生成器"窗口

(4) 打开宏设计器，添加宏命令"GoToControl"，在其"控件名称"参数中输入"姓名"，目的是将焦点移到"教师信息"窗体的"姓名"控件上；添加宏命令"FindRecord"，在"查找内容"参数中添加"=[txt 教师姓名]"，如图 7.8 所示。

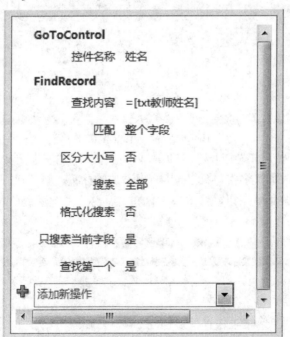

图 7.8 宏设计视图

(5) 点击保存，然后返回"教师信息"窗体视图，在要查询的教师姓名中输入"李华"，单击"运行查询"按钮，查询结果如图 7.9 所示。

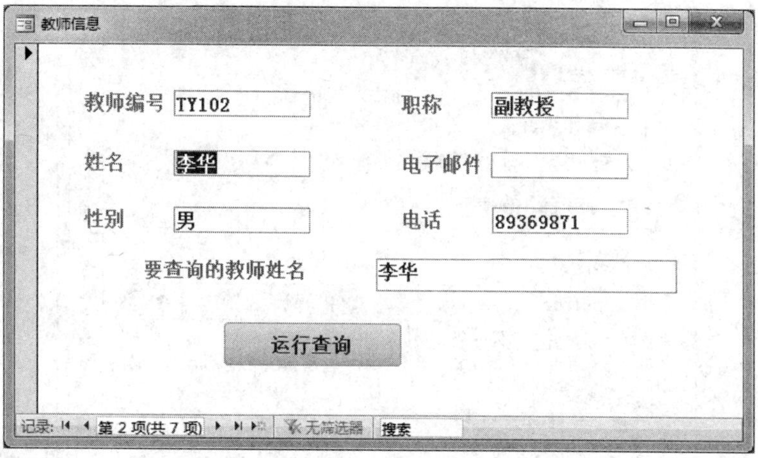

图 7.9　查询结果

7.2.3　子宏的创建

子宏是共同存储在一个宏名下的一组宏的集合，该集合通常只作为一个宏引用。在一个宏中含有一个或多个子宏，每个子宏又可以包含多个宏操作。子宏拥有单独的名称并可独立运行。

在使用中，如果希望执行一系列相关的操作则创建包含子宏的宏。例如，如果用户使用宏创建自定义菜单，则可以在一个宏中创建多个子宏，每个子宏对应一个菜单项。使用子宏可以更方便数据库的操作和管理。

【例 7.3】　在"教学管理"数据库中，创建一个名为"子宏练习"的宏组，该宏组由"宏 1"、"宏 2"和"宏 3"三个宏组成，这三个宏的功能分别如下：

(1) 宏 1。

打开"学生平均成绩"查询。

错误处理。

(2) 宏 2。

打开"教师授课情况"查询。

使用计算机的小喇叭发出"嘟嘟"的鸣叫声。

(3) 宏 3。

保存所有的修改后，退出 Access 数据库系统。

具体操作步骤如下：

(1) 打开"教学管理"数据库，在"创建"选项卡的"宏与代码"组中单击"宏"按钮，打开"宏设计器"。

(2) 在"操作目录"窗格中，把程序流程中的"子宏"拖到"添加新操作"组合框中，在子宏名称文本框中将默认名称"Sub1"修改为"宏 1"。接着在"添加新操作"组合框中选中"OpenQuery"，设置查询名称为"学生平均成绩"，数据模式为"只读"。

(3) 在下面的"添加新操作"组合框中打开列表，从中选中 OnError 操作，设置转至为"下一个"，如图 7.10 所示。

图 7.10　"宏 1"的设计结果

(4) 按照上面的方法依次设置宏 2 和宏 3，设置结果如图 7.11 所示。

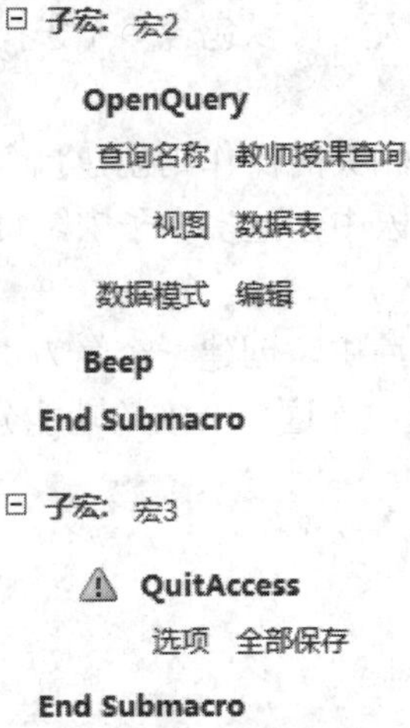

　　□ 子宏: 宏2

　　　　OpenQuery
　　　　　　查询名称　教师授课查询
　　　　　　　　视图　数据表
　　　　　　数据模式　编辑
　　　　　　Beep
　　　　End Submacro

　　□ 子宏: 宏3

　　　　⚠ **QuitAccess**
　　　　　　选项　全部保存

　　　　End Submacro

图 7.11　"宏 2"和"宏 3"的设计结果

(5) 单击"快捷工具栏"上的"保存"按钮，弹出"另存为"对话框，输入宏名"子宏练习"，然后单击"确定"按钮，保存所建立的子宏。

7.2.4　条件宏的创建

通常，宏是按顺序从第一个宏操作依次往下执行，但在某些情况下，宏操作需要满足一定条件才能执行。若是仅在满足特定条件时才执行的宏操作，需要使用"if"操作。

【例 7.4】 创建条件宏，当浏览"教师信息"窗体中的记录时，遇到职称为"教授"或"副教授"时，提示信息为"高级职称"，并发出嘟嘟声。

具体步骤如下：

(1) 以"教师"表为数据源创建纵览式"教师信息"窗体，如图 7.12 所示。

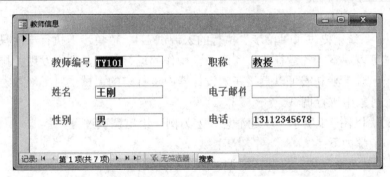

图 7.12　纵览式"教师信息"窗体

(2) 打开"教师信息"窗体设计视图，在"属性表"中从所选内容的类型中选择"窗体"，在其"事件"属性中右键单击"成为当前事件"，弹出右键菜单，单击"生成器"后将打开"选择生成器"。

(3) 在"选择生成器"中单击"宏生成器"，打开宏设计器窗口。

(4) 拖动"操作目录"中的"if"至宏设计器中(双击"if"也可完成同样操作)，并设置条件，添加"beep"操作，如图 7.13 所示。

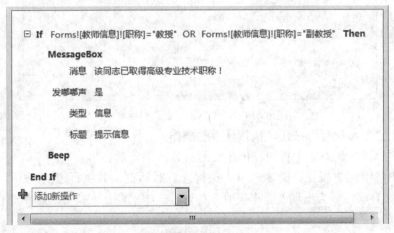

图 7.13　添加 if 块

(5) 保存，返回"教师信息"窗体视图，当浏览的记录中职称为"教授"或"副教授"时提示信息为"高级职称"，并发出嘟嘟声。

7.3　宏的调试和运行

创建宏之后，使用前要先进行调试，以保证宏运行与设计者的要求一致。调试无误后就可以运行宏了。

7.3.1　宏的调试

宏的调试是创建宏后必须进行的一项工作，尤其对于由多个操作组成的复杂宏，更是需要进行反复调试，观察宏的流程和每一步操作的结果，以排除导致错误或产生非预期结果的操作。

在 Access 系统中提供了"单步"执行的宏调试工具。"单步"执行一次只运行宏的一个操作，这时可以观察宏的运行流程和每一个操作的运行结果，从中发现并排除出现问题和错误的操作。对于独立宏可以直接在宏设计器中进行宏的调试，对于嵌入宏则要在嵌入的窗体或报表对象中进行调试。

【例7.5】 以图7.1所示"欢迎消息"宏为例，给出调试过程。

具体操作步骤如下：

(1) 在"设计视图"中，打开需要调试的"欢迎消息"宏。

(2) 单击工具栏上"单步"按钮 ，使其呈现被选中状态。

(3) 在工具栏上单击"运行"按钮 ，系统将出现"单步执行宏"对话框，如图7.14所示。

图7.14 "单步执行宏"对话框

(4) 单击"单步执行"按钮，执行其中的操作。

(5) 单击"停止所有宏"按钮，停止宏的执行并关闭对话框。

(6) 单击"继续"按钮，关闭"单步执行宏"对话框，并执行宏的下一个操作命令。如果宏的操作有误，则会出现"操作失败"对话框。如果要在宏执行过程中暂停宏的执行，请按组合键 Ctrl + Break。

7.3.2 宏的运行

宏创建完毕且经过调试后就可以使用了。独立宏可以以下列任何一种方式运行：从导航窗格中直接运行，在宏组中运行，从另一个宏中运行，从 VBA 模块中运行或者是对于窗体、报表或控件中某个事件的响应而运行。

嵌入在窗体、报表或控件的宏可以在设计视图中单击 按钮来运行，或者在与它关联的事件被触发时自动运行。

1. 直接运行宏

执行下列操作之一可直接运行宏：

(1) 在导航窗格中，双击宏的名字。

(2) 在"宏工具设计"选项卡中，单击"运行宏"按钮。

(3) 如果以设计视图打开宏，单击工具栏上的"运行"按钮。

2. 运行包含子宏的宏

包含子宏的宏既可以作为整体来运行，每个子宏也可以单独运行。运行包含子宏的宏的方法与运行单独宏的方法相同。

3. 通过窗体或报表上的控件按钮来执行独立宏或嵌入宏

在实际应用时，并不是直接运行宏，而是通过窗体或报表对象中控件的一个触发事件执行宏。最常见的是使用窗体上的命令按钮来执行宏。

7.4　常用宏操作

宏的设计窗体中有一列是用于选择宏的操作命令。一个宏可以含有多个操作，并且可以定义它们执行的顺序。

Access2010 提供了 80 多个宏操作命令，分为 8 类，包括：窗口管理命令、宏命令、筛选/查询/搜索命令、数据导入/导出命令、数据库对象命令、数据输入操作命令、系统命令和用户界面命令。其中常用的宏操作主要有以下几种：

(1) 窗口管理命令。

命令	功　　能
CloseWindow 命令	关闭窗口
MaximizeWindow 命令	最大化激活窗口
MinimizeWindow 命令	最小化激活窗口
RestoreWindow 命令	将最大化或最小化窗口恢复至原始大小

(2) 宏命令。

命令	功　　能
RunMacro 命令	执行一个宏
StopMacro 命令	终止当前正在运行的宏
StopAllMacro 命令	终止所有正在运行的宏

(3) 筛选/查询/搜索命令。

命令	功　　能
ApplyFilter 命令	对表、窗体或报表应用筛选、查询或 SQL 的 WHERE 子句，以便限制或排序表的记录
FindRecord 命令	查找符合指定条件的第一条或下一条记录
OpenQuery 命令	打开选择查询或交叉表查询
FindNextRecord 命令	查找符合指定条件的下一条记录
Requery 命令	用于实施指定控件重新查询，即刷新控件数据
RunSQL 命令	执行指定的 SQL 语句以完成操作查询

(4) 数据导入/导出命令。

命令	功能
ExportWithFormatting 命令	将指定数据库对象中的数据输出为.xls、.rtf、.txt 等格式
WordMailMerge 命令	执行"邮件合并"操作

(5) 数据库对象命令。

命令	功能
GoToRecord 命令	指定当前记录
OpenForm 命令	打开窗体
OpenReport 命令	打开报表
OpenTable 命令	打开数据表

(6) 数据输入操作命令。

命令	功能
DeleteRecord 命令	删除当前记录
SaveRecord 命令	保存当前记录

(7) 系统命令。

命令	功能
Beep 命令	通过计算机的扬声器发出嘟嘟声
CloseDatebase 命令	关闭数据库
QuitAccess 命令	退出 Access

(8) 用户界面命令。

命令	功能
MessageBox 命令	显示包含警告信息或提示信息的消息框
Redo 命令	重复最近的用户操作

当我们把鼠标放到"操作"列中的某一行后，在该单元格的右侧就会出现一个向下的箭头按钮，单击这个按钮，就会显示可供选择的操作命令序列。

选择操作命令后，宏窗体的下方会出现一些操作参数供设置使用。对于各个操作，操作参数可能不一样。每选择一个宏的操作参数，就会自动显示出该操作的提示信息，在我们设置参数时就可以参阅这些提示信息对操作参数进行正确的设置。

本 章 小 结

本章主要介绍如何使用宏实现自动处理功能，包括宏和宏组的基本概念，宏的创建、调试和运行方法。宏是一些操作的集合，使用这些"宏操作"可以使用户更加方便、快捷地操纵 Access 系统。

习 题

一、选择题

1. 关于宏下列描述错误的是( )。

A. 宏是能被自动执行的某种操作或操作的集合

B. 构成宏的基本操作也叫宏命令

C. 运行宏的条件是有触发宏的事件发生

D. 如果宏与窗体连接，则宏是它所连接的窗体中的一个对象

2. 关于宏命令 MessageBox，下列描述错误的是( )。

A. 可以在消息框给出提示或警告

B. 可以设置在显示消息框的同时扬声器发出嘟嘟声

C. 可以设置消息框中显示的按钮的数目

D. 可以设置消息框中显示的图标的类型

3. 下列不可以用来创建宏的方法是( )。

A. 在数据库设计窗口的宏面板上单击"新建按钮"

B. 选择"文件"→"宏"命令

C. 在窗体的设计视图中右击控件，在快捷菜单中选择"事件发生器"命令

D. 选择"插入"→"宏"命令

二、填空题

1. 使用_____创建宏对象时宏窗口中必有列。

2. 在设计宏时，应该先选择具体的宏命令，再设置其_____。

3. 若要在宏中打开某个窗体，应该使用的宏命令是_____。

4. 如果要调出宏窗口中的"宏名"列，应该使用的菜单命令是_____。

三、简答题

1. 什么是宏？使用宏的目的是什么？

2. 什么是子宏？创建子宏的目的是什么？

第8章 Visual Basic for Application

问题：

1. 什么是对象？
2. 什么是 VBA 模块？

8.1 VBA 编程环境

VBA(Visual Basic for Applications)是微软公司推出的可视化 BASIC 语言，是一种编程简单、功能强大的面向对象的开发工具。

同其他任何面向对象的编程语言一样，VBA 也有对象、属性、方法和事件。对象就是代码和数据的组合，可将它看作单元，例如表、窗体或文本框等都是对象。每个对象由类来定义。属性定义了对象的特性，像大小、颜色、对象状态等。方法是对象能执行的动作，如刷新等。事件是一个对象可以辨认的动作，如单击鼠标或按下某键等，并且可以编写某些代码针对此动作做出响应。

Access2010 所提供的 VBA 开发环境称为 VBE(Visual Basic Editor，VB 编辑器)，为 VBA 程序的开发提供完整的开发和调试工具。

8.1.1 VBA 开启

在 Access2010 应用程序中，在功能区中选择"创建"选项卡，并单击"宏与代码"组中"客户端对象"下拉列表中的"模块"按钮，即可打开 VBA，如图 8.1 所示。

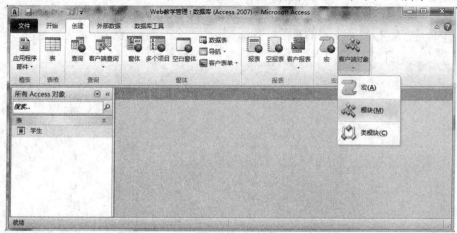

图 8.1 启动 VBA

8.1.2　VBA 窗口组成

VBA 窗口可大体分为如图 8.2 所示的六部分：标题栏、菜单栏、工具栏、工程资源管理器、属性窗口和代码窗口。

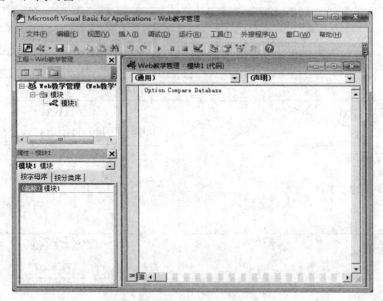

图 8.2　VBA 窗口组成

其中标题栏、菜单栏和工具栏非常常见，在此不再一一赘述。

(1) 工程资源管理器。

工程资源管理器，也称工程窗口，其列表框中列出了应用程序中所有的模块文件。单击"查看代码"按钮可以打开相应代码窗口；单击"查看对象"按钮可以打开相应的对象窗口；单击"切换文件夹"按钮可以隐藏或显示对象分类文件夹。

(2) 属性窗口。

属性窗口列出了所选对象的各个属性，分"按字母序"和"按分类序"两种查看方式，可以直接在属性窗口中编辑对象的属性。此外，还可以在代码窗口内用 VBA 代码编辑对象的属性。

(3) 代码窗口。

代码窗口由对象组合框、事件组合框和代码编辑区 3 部分构成。

在代码窗口中可以输入和编辑 VBA 代码。实际操作时，可以打开多个代码窗口查看各个模块的代码，且代码窗口之间可以进行复制和粘贴。

8.2　VBA 编程基础

8.2.1　VBA 的数据类型

VBA 支持多种数据类型，不同的数据类型有不同的存储空间，对应的数值范围也不同，这为用户进行编程提供了很大的方便。VBA 编程中常用的数据类型以及它们的存储空间和取值范围如表 8.1 所示。

表 8.1 变量的数据类型

数据类型	存储空间大小	范　　围
Byte(字节型)	1 个字节	0～255
Boolean(布尔型)	2 个字节	True 或 False
Integer(整型)	2 个字节	−32 768～32 767
Long(长整型)	4 个字节	−2 147 483 648～2 147 483 647
Single(单精度浮点型)	4 个字节	负数时：−3.402 823E38～−1.401 298E−45；正数时：1.401 298E−45～3.402 823E38
Double(双精度浮点型)	8 个字节	负数时：−1.797 693 134 862 32E308～−4.940 656 458 412 47E−324；正数时：4.940 656 458 412 47E−324～1.797 693 134 862 32E308
Currency(货币型)	8 个字节	−922 337 203 685 477.5808～922 337 203 685 477.5807
Decimal	14 个字节	没有小数点时为 +/−79 228 162 514 264 337 593 543 950 335；小数点右边有 28 位数时为 +/−7.922 816 251 426 433 759 354 395 033 5；最小的非零值为 +/−0.000 000 000 000 000 000 000 000 000 1
Date	8 个字节	100 年 1 月 1 日～9999 年 12 月 31 日
Object	4 个字节	任何 Object 引用
String(变长)	10 字节加字符串长度	0～大约 20 亿
String(定长)	字符串长度	1～大约 65 400
Variant(数字)	16 个字节	任何数字值，最大可达 Double 的范围
Variant(字符)	22 个字节加字符串长度	与变长 String 有相同的范围
Type(自定义类型)	所有元素所需数目	每个元素的范围与它本身的数据类型的范围相同

8.2.2 变量声明

变量是内存中用于存储数据的临时存储区域，在使用前必须先声明。在 VBA 应用程序中，可以使用 Dim 来声明变量，其语句的语法格式为

Dim 变量名 [As 类型]

其中，各个参数的说明如下：

(1) Dim：必需的参数，用于声明变量的语法格式关键字。

(2) 变量名：必需的参数，用于表示变量的名称，要遵循标识符的命名约定。

(3) As：用于声明变量的语法格式关键字。

(4) 类型：可选参数，用于表示变量的数据类型。

注意：变量名必须以字符开头，其最大长度为 255 个字符，变量名中不能包括：+、-、/、*、!、<、>、.、@、&、$等字符。变量名中不能含空格，但可以含有下划线(_)。如果在定义变量时省略了"As 类型"，则定义的变量默认为 Variant，即隐式声明变量，例如：

Dim X

当然一个 Dim 语句也可以在一行中定义多个变量，但每个变量之间须用"，"隔开。

8.2.3　常量声明

常量是指在程序运行过程中其值保持不变的量。它可以是数字、字符串，也可以是其他值。如果在程序中经常用到某些值，以及一些难以记忆且无明确意义的数值，使用声明常量的方法可以增加程序的可读性，便于管理和维护。在 VBA 中，通常使用 Const 关键字来声明常量，常量声明的基本格式为

Const 常量名 [As 类型] = 表达式

例如：

Const PI As Integer=3.1415926　　'声明了一个整型常量 PI，代表的值为 3.141 592 6

8.2.4　表达式

表达式用来求取一定运算的结果，由变量、常量、函数、运算符和圆括号等构成。VBA包含丰富的运算符，其中包括算术运算符、比较运算符、连接运算符和逻辑运算符等，通过这些运算符可以完成各种运算。

1. 算术运算符

算术运算符具体如表 8.2 所示。

表 8.2　算 术 运 算 符

符　号	描　述	实　例
^	求幂	X^3(X 的三次方)
*	乘	X*Y*Z*20
/	除	X/30/Y
\	整除	10\4(等于 2)
Mod	求余	10 Mod 4(余数为 2)
+	加	X+50+Y
-	减	60-X-Y-Z

算术运算符优先顺序为 ^、-(负号)、* 或 /、\、Mod、+ 或 -(减号)，优先级高者先进行运算。

2. 比较运算符

比较运算符用于两个操作数进行大小比较，若关系成立，则返回值为 True；否则，返回 False。VBA 中的关系运算符有 6 个，如表 8.3 所示。

表 8.3　比 较 运 算 符

符　号	描　述	实　例
>	大于	6>5
<	小于	6<5
=	等于	6=5
>=	大于等于	6>=5
<=	小于等于	6<=5
<>	不等于	6<>5

3. 连接运算符

连接运算符具体如表 8.4 所示。

表 8.4　连 接 运 算 符

符　号	描　述	实　例
&	字符串连接	"中国"&2008
+	字符串连接	"中国"+"北京"

4. 逻辑运算符

逻辑运算符是将操作数据进行逻辑运算，返回的结果为 True 或 False，具体如表 8.5 所示。

表 8.5　逻 辑 运 算 符

符　号	描　述	实　例
Not	逻辑非，将 True 变 False 或将 False 变 True	Not True
And	逻辑与，两边都是真，结果才为真	6>5 And"ab"="bc"
Or	逻辑或，两边有一个是真，结果就为真	6>5Or "ab"="bc"
Xor	逻辑异或，两边同时为真或同时为假时值为假，否则就为真	6>5 Xor "ab"="bc"
Eqv	等价，两边同时为真或同时为假时值为真，否则就为假	6>5 Eqv "ab"="bc"
Imp	隐含，左边为真，且右边为假，则值为假	6>5 Imp"ab"="bc"

注意：表达式由各种运算符将变量、常量和函数连接起来构成。但是在表达式的书写过程中要注意运算符不能相邻，乘号不能省略，括号必须成对出现。对于包含多种运算符的表达式在计算时，会按照预定的顺序计算每一部分，这个顺序被称为运算符优先级。各种运算符的优先级顺序从函数运算符、算术运算符、连接运算符、比较运算符到逻辑运算符而逐渐降低。如果表达式中出现括号，则先执行括号内的运算，在括号内部仍按照运算符的优先级顺序进行运算。

8.3　VBA 的基本语句

　　程序是由语句组成的。每个程序语句是由 VBA 中关键字、标识符、运算符和表达式等基本元素组成的指令集合。其中关键字可以是 If、Dim 等，标识符是指程序中用到的各种变量名、对象名和函数名等。每条语句都指明了计算机要进行的具体操作。

　　按照语句所执行的功能不同分为两大类型：一是声明语句，用于给变量、常量或过程定义命名；二是执行语句，用于执行赋值操作，调用过程，实现各种流程控制。

8.3.1　程序语句书写

1. VBA 代码书写规则

　　(1) 一般情况下，一行书写一条语句，一行最多可以书写 255 个字符。若需要在同一行上书写多条语句，语句间用冒号":"隔开；若需要将一条语句分多行写，则必须在行末加续行符号"＿"(空格＋下划线)。

　　(2) VBA 代码中不区分字母大小写。除汉字外，全部字符都用半角符号。

　　(3) 在程序中可适当添加空格和缩进。

　　(4) 使用程序注释增加程序的可读性。

2. 注释语句

　　在 VBA 中，注释可以加在程序的适当位置，以增加程序的可读性及后期的可维护性。其语句格式为

　　　　Rem 注释内容

或

　　　　'注释内容

说明：

　　(1) 在 Rem 关键字与注释内容之间要加一个空格。可以用一个英文单引号来代替 Rem 关键字。

　　(2) 如果在其他语句行后使用 Rem 关键字，则必须用冒号":"与前面的语句隔开。若使用英文单引号，则在其他语句之后不必加冒号。例如：

```
Private Sub Test_Click ()
    Dim Str                  : Rem 注释，语句之后要用冒号隔开
    Str="Guangzhou"          '这也是注释，这时，无需使用冒号
End Sub
```

这里，"'"和":"后开始的字符为注释部分，系统字体显示为绿色。

8.3.2　声明语句

　　声明语句用于命名和定义常量、变量、数组和过程。在定义了这些内容的同时，也定

义了它们的声明周期与作用范围，这取决于定义位置(局部、模块或全局)和使用的关键字(Dim、Public、Static 或 Global 等)。

```
        Sub Sample()
            Dim N As Integer
        SUM = 1
        ……
        End Sub
```

上述语句定义了一个子过程 Sample。当这个子过程被调用运行时，包含在 Sub 与 End Sub 之间的语句都会被执行。Dim 语句定义了一个名为 SUM 的整型变量。

8.3.3 赋值语句

赋值语句是将指定的值赋给某个变量。其格式为

　　<变量名>=<值或表达式>

例如：

Dim Num As Integer

Label2.FontSize = 20　　　　　　　　　　'给变量赋值

8.3.4 条件语句

条件语句是一种常用的基本语句，在日常生活和工作中，经常会根据实际情况的不同而选择对事情不同的处理方法。在设计程序时，也存在同样的问题，即根据不同的条件来选择不同的程序处理方式。

条件语句的特点是根据所给条件的成立与否，决定从不同的分支中执行某一分支的相应操作。VBA 提供了多种形式的条件语句来实现条件判断，即对条件进行判断，根据判断结果选择执行不同的分支。

1. 单行条件语句

单行条件语句比较简单，流程图如图 8.3 所示，其语法格式为

If<条件表达式>Then 语句组 1 [Else 语句组 2]

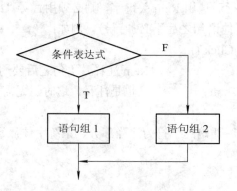

图 8.3　单行语句 If 语句流程

说明：

(1) 条件表达式一般是关系表达式或逻辑表达式，也可以是算术表达式，表达式的值按非零或零转换成 True 或 False。

(2) 单行条件语句的执行过程为：判断条件表达式，若为真，则执行语句组 1；否则执行 Else 后面的语句组 2。

(3) 如果没有 Else 语句，在条件表达式为真时执行语句组 1；条件表达式为假时，什么都不做，执行 If 后面的语句。

【例 8.1】　任意输入一个数，判断其奇偶性。

新建一个窗体，在其中添加一个文本框、两个标签、一个命令按钮，如图 8.4 所示。

图 8.4　新建窗体图

打开代码编辑窗口，在其中输入如下代码：

```
Private Sub Command1_Click()
    Dim n As Integer
    n = Text0.Value
    Label2.FontSize = 20    '设置判断结果中显示的字体大小为 20
    If n Mod 2 = 0 Then Label2.Caption = "偶数" Else Label2.Caption = "奇数"
End Sub
```

程序运行后，在文本框中任意输入一个数，然后单击"判断"按钮，将显示该数的奇偶性，如图 8.5 所示。

图 8.5　程序运行结果

2. 块结构条件语句

使用单行 If 语句可以满足一些选择结构程序设计的需要，但是当 Then 或 Else 部分包含的内容较多时，在一行中就很难写下所有命令。这时，可以使用 VBA 的块结构条件语句，将一个选择结构分多行来写，流程如图 8.6 所示。其语句格式为

If <条件表达式>Then

语句组 1

Else

语句组 2

End If

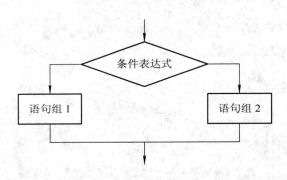

图 8.6　块结构 If 语句流程

说明：

(1) 在块结构中，If 语句必须是第一行语句。If 块必须以一个 End If 语句结束。

(2) 当程序运行到 If 块时，首先对条件表达式进行测试，如果为真，则执行 Then 之后的语句组 1；如果为假且有 Else 子句，则执行 Else 之后的语句组 2。执行完后从 End If 之后的语句继续执行。

(3) Else 子句是可选择的。

【例 8.2】 已知两个数 x 和 y，设计程序，比较它们的大小，并输出较大数。

新建一个窗体，打开代码生成器窗口，在其中输入如下代码：

```
Private Sub Command1_Click()
        Dim x As Single, y As Single, t As Single
        x = Text1.Value
        y = Text2.Value
        If x < y Then
                t = x
                x = y
                y = t
        End If
    Text3.SetFocus
        Text3.Text = Str(x)
End Sub
```

程序运行后,分别输入 x 和 y 的值,单击"比较大小"按钮,则输出较大的数,如图 8.7 所示。

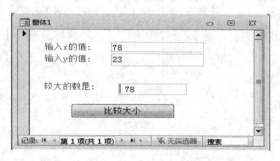

图 8.7　程序运行界面

3. 多分支结构语句

无论是单行还是块结构的 If 语句,都只有一个条件表达式,只能根据一个条件来判断程序执行的方向,最多只能有两个分支结构。如果程序稍复杂一些,需要有多个条件表达式进行判断,那么这两种 If 语句结构就显得力不从心。VBA 提供了多分支的选择结构语句:If…Then…ElseIf 和 Select…Case 语句,使用多分支结构语句可以满足多重条件判断的程序。

(1) If…Then…ElseIf 语句。

If…Then…ElseIf 的流程如图 8.8 所示。该语句格式为

```
If   <条件表达式 1>   Then
语句组 1
ElseIf   <条件表达式 2>   Then
语句组 2
……
[Else
语句组 n+1]
End If
```

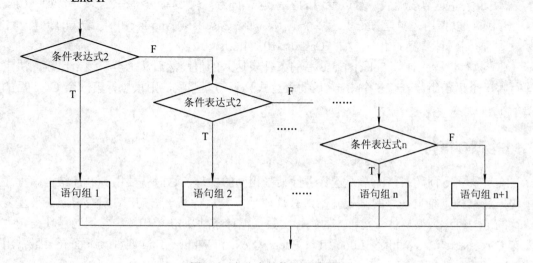

图 8.8　多分支结构 If 语句流程

说明:

该语句的功能是根据各个条件表达式的值判断执行哪个语句组,判断的顺序为条件表达式 1、条件表达式 2……即只有当条件表达式 1 为假时才判断条件表达式 2,当条件表达式 1 和条件表达式 2 都为假时,才判断条件表达式 3。这样,程序执行语句组 n+1 的条件为前 n 个条件表达式均为假。如果所有条件表达式都不是真,则执行 Else 后面的语句。

(2) 多分支 Select Case 语句。

该语句的功能是:根据"条件表达式"的值,从多个语句块中选择一个符合条件的执行。该语句的格式为

```
Select Case   <条件表达式>
     Case  表达式列表 1
语句组 1
     Case  表达式列表 2
语句组 2
……
     [Case Else
<语句组 n+1>]
     End Select
```

说明:

(1) Select Case 后的条件表达式可以是数值或字符串表达式。

(2) 表达式列表,一般可以是以下几种形式之一:

① 一个常量或常量表达式。

② 多个常量或常量表达式,用逗号隔开,逗号相当于"或",只要测试表达式等于其中的某个值就是匹配,如:Case 3,5,7,9。

③ 表达式 1 to 表达式 2,表示从表达式 1 到表达式 2 中所有的值,其中表达式 1 的值必须小于表达式 2 的值。如:Case 4 to 7。

④ Is 关系运算表达式,可以使用的关系运算符为:>、>=、<、<=、<>、=,如:Case Is<10。不可以使用逻辑运算符表示多个范围,如:Case Is>0 And Is<10 是错误的。

⑤ 前面四种情况的组合,如:Case Is>10,2,4,6,Is <0。

(3) 执行过程先计算 Select Case 后的条件表达式的值,然后从上至下逐个比较,决定执行哪一个语句组。若有多个 Case 后的表达式列表与其匹配,则只执行第一个 Case 后的语句组。

8.3.5 循环语句

在解决实际问题时,经常要重复进行某些相同的操作,这时就要用到循环结构。程序中的循环结构是指自程序的某处开始,有规律地反复执行某一语句组(或程序段)。被重复执行的语句组称为循环体,循环体的执行次数由循环条件决定。VBA 中常用的循环语句主要有 For…Next、Do While…Loop、For Each…Next 和 While…End 四种。下面介绍最常用的 For…Next 和 Do While…Loop 两种循环。

1. For…Next 循环

如果事先已知循环次数，则可使用 For…Next 循环结构语句，又称这种循环为计数循环。该语句格式为

　　　For 循环变量 = 初值 To 终值 [Step 步长]
　　　　　语句组(循环体)
　　　Next 循环变量

说明：

(1) 循环变量也称为"控制变量"或"循环计数器"，它必须为数值型变量，但不能是下标变量或记录元素。

(2) 初值、终值和步长也必须是数值表达式。其中步长是指每次循环变量的增量，一般当初值小于终值时，步长应取正数；而当初值大于终值时，则步长应取负值。仅当步长为 1 时，Step 步长可以省略。

(3) For 语句和 Next 语句之间的循环体，可以由多条语句构成。其中 Next 表示循环变量取下一个值，即首先完成循环变量的递增操作：循环变量 = 循环变量 + 步长，然后再返回至 For 语句行。

(4) For…Next 循环结构语句的执行过程如下：进入 For…Next 循环后，首先把初值赋给循环变量，检查循环变量的值是否超过终值，如果超过则停止执行循环体，执行 Next 后面的语句；否则执行一次循环体，然后把"循环变量 + 步长"的值赋给循环变量，重复上述过程。其对应的流程图如图 8.9 所示。

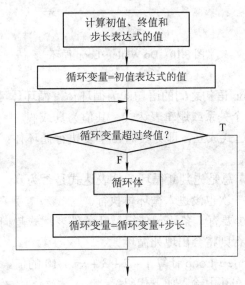

图 8.9　For…Next 循环结构流程图

【例 8.3】用 For…Next 循环结构计算 $1 + 2 + \cdots + 10$ 的值。

打开代码编辑窗口，在其中输入如下代码：

```
Sub Sum( )
Dim N As Integer, SUM As Long
SUM = 0                    '给变量 SUM 赋初值 0
```

```
: Rem  可循环 10 次，每一次循环使变量 N 自动加 1，N 依次取值 1、2……10
For N = 1 To 10
SUM = SUM + N
Next N
End Sub
```

2. Do While…Loop 循环

Do While…Loop 循环通常用于循环次数未知的程序中，不过 Do While…Loop 与 For…Next 并无本质区别，仅仅是使用得场合不同，相互可以替代。该语句格式为

```
Do While<循环条件表达式>
语句组(循环体)
Loop
```

对应的流程图如图 8.10 所示。

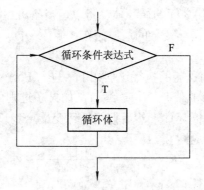

图 8.10　Do While…Loop 循环

说明：

(1) 在 Do 语句和 Loop 语句之间的语句即为循环体，循环体可以由若干条语句构成。循环条件表达式通常是一个关系或逻辑表达式，其值为真或假。

(2) 仅当循环条件表达式成立，即为真时，重复执行循环体；当循环条件表达式不成立，即为假时，结束循环。

(3) 每一次进入循环，总是先判断循环条件表达式是否为真，然后再决定是否进入执行循环体，即循环有可能一次也没进入循环体执行。

(4) 在循环体中，至少要有一条语句使得循环条件表达式趋向于假，即使循环语句在有限的时间内执行完毕，否则将会出现死循环。

【例 8.4】　用 Do While…Loop 计算 $1 + 2 + 3 + … + 10$ 的值。

打开代码编辑窗口，在其中输入如下代码：

```
Sub Sum( )
Dim SUM As Integer, N As Integer
SUM = 0
N = 1
Do While N <= 10
SUM = SUM + N
```

```
N = N + 1
Loop
End Sub
```

8.4　数　　组

在程序设计中，利用简单变量可以解决不少问题。但是仅使用简单变量，必然受到简单变量单独性和无序性的限制，难以解决那些不仅与取值有关而且与其所在位置有关的复杂问题。因此，需要引入更强的数据结构——数组。

数组是由一组具有相同数据类型的变量(称为数组元素)构成的集合。

8.4.1　数组的声明

数组声明的一般格式是

Dim 数组名称([索引下界 To] 索引上界)[As 数据类型]

例如：

Dim Count(1 To 16) As Integer

声明了具有 16 个元素的整型数组，索引号是从 1 到 16 即变量 Count(1)，Count(2)，Count(3)，…，Count(16)，当缺省索引下界时默认为 0。

例如：

Dim Student(7) As Long

声明了一个具有 8 个元素的长整型数组，索引号从 0 到 7，各个变量是 Student(0)，Student(1)，Student(2)，…，Student(7)。

如果要定义多维数组，其格式是

Dim 数组名称([索引下界 To] 索引上界,[索引下界 To] 索引上界…)[As 数据类型]

在 VBA 中，还允许定义动态数组。创建动态数组的方法是先使用 Dim 语句来声明数组，但不指定数组元素个数，而在以后使用 ReDim 来指定数组元素个数，称为数组重定义。在对数组重定义时，可以使用 ReDim 后加保留字 Preserve 来保留以前的值，否则使用 ReDim 后数组元素的值会被重新初始化为默认值。例如：

```
Dim Array() As Integer            '声明部分
ReDim Preserve Array(10)   '在过程中重定义，保留以前的值
ReDim Array(10)                   '在过程中重新初始化
```

还可以使用 Public、Private 或 Static 来声明公共数组、私有数组或静态数组。

8.4.2　数组的使用

数组声明后，数组中的每个元素都可以当作单个变量来使用，其使用方法同相同类型的普通变量。

引用格式为

数组名(索引值表)

例如，可以通过如下语句引用前面定义的数组元素：

Count(1)   '引用一维数组 Count 的第 1 个元素

8.5　VBA 模块

模块是用 VBA 语言编写的程序代码，它是以 Visual Basic 为内置的数据库程序语言。对于数据库的一些较为复杂或高级的应用功能，需要使用 VBA 代码编程实现。通过在数据库中添加 VBA 代码，可以创建出自定义菜单、工具栏和具有其他功能的数据库应用系统。

模块由声明、语句和过程组成。Access 有两种基本类型模块：标准模块和类模块。用户可以像创建新的数据库对象一样创建包含 VBA 代码的模块。在"数据库"窗口的"创建"菜单中单击"模块"可打开 VBA 编辑器，为数据库创建新的模块对象。

类模块属于一种与某一特定窗体或报表相关联的过程集合，这些过程均被命名为事件过程，作为窗体或报表处理某些事件的方法。

模块都是由一个模块通用声明部分以及一个或多个过程或函数组成。模块中可以使用的 Option 语句包括 Option Base 语句、Option Compare 语句、Option Explicit 语句以及 Option Private 语句。

本 章 小 结

本章介绍了 Access 的内置编程语言 VBA 的有关知识，包括 VBA 的数据类型、程序语句和数组等。VBA 程序由模块组成，Access 有两种基本类型模块：标准模块和类模块。

习　题

一、填空题

1. VBA 中有_____种数据类型。

2. VBA 中的条件语句有_____、_____、_____。

3. 数组声明的一般格式是_____。

4. VBA 程序模块有_____、_____两种基本类型。

5. VBA 程序的多条语句可以写在一行中，其分隔符必须使用_____符号。

二、设计题

1. 编写程序，要求：输入一个数，判断其正负。

2. 编写程序，要求：通过输入一个半径值，求该圆的面积。

3. 编写程序，要求：输入两个数 x 和 y，求它们的乘积。

4. 编写程序，要求：计算 $1 + 2 + 3 + \cdots + 10$ 的值。

第 9 章　Web 数据访问

问题：

　　1. Web 数据访问的目的是什么？
　　2. 如何创建和编辑 Web 数据库？

引例：

　　创建空白 Web 数据库

　　Access2010 和 Access Services(SharePoint 的一个可选组件)为用户提供了创建可在 Web 上使用的数据库平台。用户可以使用 SharePoint 设计和发布 Web 数据库，拥有 SharePoint 账户的用户可以在 Web 浏览器中使用 Web 数据库。

　　Web 数据库是通过使用 Microsoft Office Backstage 视图中"空白 Web 数据库"命令创建的数据库。Web 数据库至少包含一个将在服务器上呈现的对象(如表或报表)，连接到该服务器的任何人员均可以在标准 Internet 浏览器中使用服务器上呈现的数据库组件，而不必在计算机上安装 Access2010。

9.1　Access2010 的 Web 数据访问

　　Access2010 Web 数据访问的主要目的有：保护和管理对数据的访问；在整个小型网络工作组内部或 Internet 上共享数据；创建无需 Access 即可使用的数据库应用程序。Web 数据访问要解决的主要问题就是数据库的共享。

9.1.1　Web 数据访问概述

　　Access2010 数据库由多种数据对象组成，如表、查询、窗体、报表等。表是真正存储数据的对象，而其他几种对象只是帮助用户使用存储在表中的数据。因此，当需要共享数据库时，通常就是要共享表；而共享表时，最关键的问题是要确保每个用户使用的是相同的表，即保证每个用户都能使用相同的数据。

　　数据的共享通常有以下几种方法：

　　(1) 拆分数据库。

　　将数据库拆分成两部分，将表放置在一个 Access 文件中，而将其他对象放置在另一个称为"前端数据库"的 Access 文件中。前端数据库包含指向其他文件中的表的链接。每个用户将获得自己的前端数据库副本，以便共享表。

(2) 网络文件夹。

这是一种最简单的方法，要求最低，提供的功能也最少。数据库文件存储在共享网络驱动器上，用户可以共享所有数据库对象。但当有多个用户同时更改数据时，其可靠性和可用性就会成为问题。

(3) SharePoint 网站。

运行 SharePoint 的服务器，特别是 Access Services 的服务器，可采用 SharePoint 集成方法。维护一个由 Access2010 创建的 Web 数据库，实现数据方便安全地访问，这是目前较理想的数据库共享解决方案。

Access2010 负责 Web 数据库的创建，所有 Web 数据库中的数据对象都必须满足 Web 兼容性规则，不满足 Web 兼容性的数据库是无法发布的。而 Access Services 负责将该数据库发布到 SharePoint 网站上。

9.1.2 Web 数据库和桌面数据库的设计差异

Access2010 的有些功能仅限桌面数据库应用，在 Web 数据库中并没有可以替代的选择，这些功能包括：联合查询、交叉表查询、窗体上的重叠控件、表关系、条件格式、各种宏操作和表达式(数据宏除外)等。

9.2 创建 Web 数据库

在创建 Web 数据库时，可以先考虑是否有接近需求的 Web 数据库模板。Web 数据库模板是预先建立好的应用程序，可以按原样使用，也可以在满足用户特定需求的基础上进行修改。如果没有可用的模板，就需要创建一个空白 Web 数据库。下面将以"Web 教学管理.accdb"为例，介绍 Access2010 Web 数据库的创建和发布过程。

9.2.1 创建空白 Web 数据库

【例 9.1】 创建空白 Web 数据库"Web 教学管理.accdb"。

具体操作步骤如下：

(1) 打开 Access2010，选择"文件"选项卡，单击"新建"选项。"新建"选项中包含用于创建数据库的命令。

(2) 在"可用模板"下单击"空白 Web 数据库"图标；在右侧的"文件名"框中键入文件名"Web 教学管理"；单击"文件名"文本框旁边的文件夹图标，设置 Web 数据库的存放路径，如图 9.1 所示。

(3) 单击"创建"按钮，打开新的 Web 数据库并显示一个空表，如图 9.2 所示。

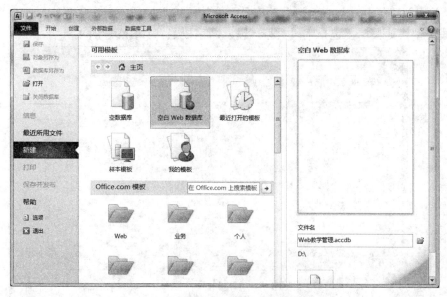

图 9.1　创建空白 Web 数据库

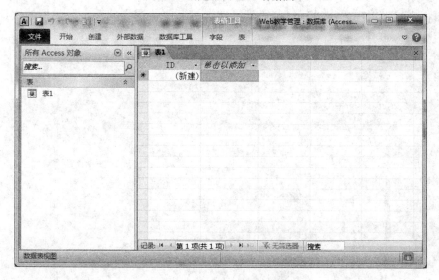

图 9.2　空白 Web 数据库

9.2.2　创建 Web 数据表

首次创建空白 Web 数据库时，Access2010 将创建一个新表并直接在数据表视图中打开。再次打开 Web 数据库时，使用功能区"创建"选项卡打开数据表视图，可以使用功能区"字段"选项卡和"表"选项卡上的命令为数据表添加字段、有效性规则和索引。

【例 9.2】　在数据库"Web 教学管理.accdb"中创建 Web 数据表"学生"。

具体操作步骤如下：

(1) 打开"Web 教学管理.accdb"。

(2) 在"创建"选项卡的"表格"组中单击"表"。

(3) 首次创建表时，包含一个自动编号类型的"ID"字段。单击"单击以添加"处后，弹出字段类型快捷菜单，选择字段类型，输入新字段名，如图 9.3 所示。

图 9.3　添加基本字段

如果要添加"快速入门"类型的字段，单击"表格工具"选项卡中的"字段"选项，在"添加和删除"组中单击"其他字段"按钮，打开"快速入门"字段类型的快捷菜单，如图 9.4 所示。

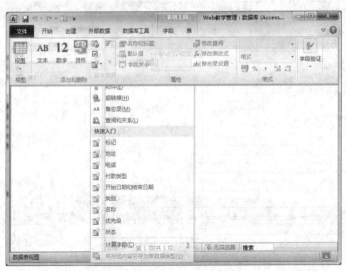

图 9.4　添加快速入门字段

(4) 重复步骤(3)，完成其他字段的创建。

9.2.3　导入 Web 数据表

Web 数据表除了可以直接创建外，还可以使用 Access2010 的数据导入功能从其他数据库文件或其他类型的数据文件中导入。下面将介绍从一个桌面数据库向 Web 数据库中导入数据表的过程。

【例 9.3】从 D 盘数据库"教学管理"向 Web 数据库"Web 教学管理"导入"学生"表。

具体步骤如下：

(1) 打开"Web 教学管理.accdb"。

(2) 在"外部数据"选项卡"导入并链接"组中单击"Access"图标，弹出"获取外部数据-Access 数据库"对话框。

(3) 在"文件名"文本框中输入数据源文件"教学管理"数据库的路径和文件名。在存储方式选项组中选择第一项"将表、查询、窗体、报表、宏和模块导入当前数据库"，如图 9.5 所示。

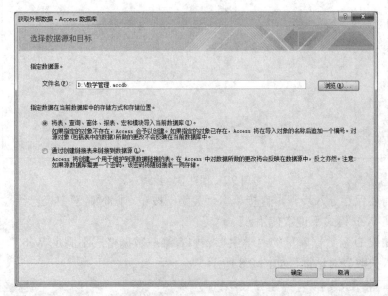

图 9.5　"获取外部数据源-Access"数据库对话框

单击"确定"按钮，弹出"导入对象"对话框，如图 9.6 所示。

图 9.6　"导入对象"对话框

(4) 在"导入对象"对话框中，用选项卡方式列出了"教学管理"数据库所有可以导入的数据对象，在"表"选项卡中选择"学生"。此对话框支持选取多个数据对象。选择完毕，单击"确定"按钮，弹出"保存导入步骤"对话框，如图 9.7 所示。

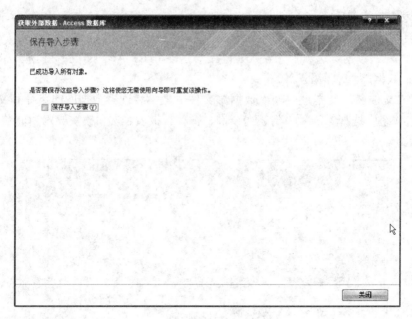

图 9.7 保存导入步骤

如果不需要保存导入步骤，直接单击"关闭"按钮。此时，学生表已经导入至 Web 数据库，可以在 Web 模式下正常使用。

注意：如果 D 盘数据库里的"学生"表中有某些数据格式不满足 Web 数据库的要求，将弹出"导入失败"对话框，如图 9.8 所示。

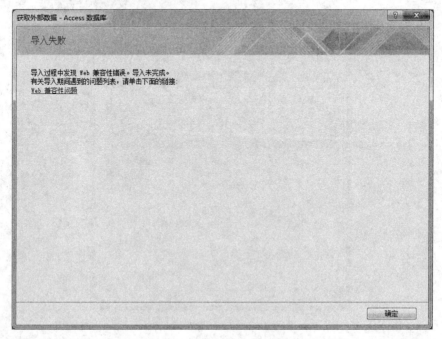

图 9.8 "导入失败"对话框

单击此对话框上的"Web 兼容性问题"链接，可以查看导入失败的原因，从而修改数据表的格式重新导入。"Web 兼容性问题"报告以数据表的形式输出，能够清楚地指出导致失败的字段、原因和更改方法，如图 9.9 所示。如果将桌面数据库教学管理数据库中的学生表直接导入，将会提示两条 Web 兼容性问题，分别是：

- Web 数据库不兼容"照片"字段的数据类型"OLE"。
- 导入的表格要有主键，且主键必须是"长整型"格式的数字型字段。

图 9.9 Web 兼容性问题报告

按照 Web 兼容性问题报告修改学生表的格式：删除"照片"字段；添加一个"自动编号"类型的字段，命名为"SID"，设置该字段为主键。修改学生表后，再次尝试导入 Web 数据库后，导入成功，学生表可以作为 Web 数据表正常使用。

说明：可以采用同样的方法，重复例 9.3 的操作，依次导入"教师"表和"课程"表等。

9.2.4 更改字段属性

字段的格式和属性可以规范字段的行为，设置 Web 数据表的字段属性可以使字段按所需方式运行。

【例 9.4】 设置 Web 数据表"学生"的字段属性。

具体操作步骤如下：

(1) 在"Web 教学管理.accdb"中打开学生表。

(2) 选择需要更改格式和属性的字段，单击"表格工具"选项卡中的"字段"选项，使用"格式"和"属性"组中的命令按钮更改字段的属性设置，其中包括更改字段名称、数据类型、数据格式、字段大小和默认值等，如图 9.10 所示。

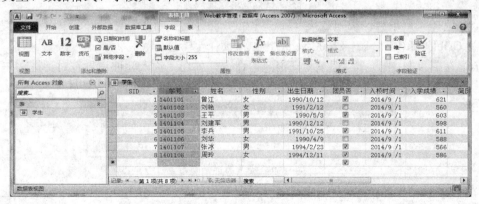

图 9.10 更改字段属性

9.2.5 设置数据验证规则和消息

Web 数据库中的数据验证包括字段数据验证和记录数据验证两个方面。

1. 字段数据验证

在 Web 数据库中设置字段验证规则和字段验证消息相当于在桌面数据库中设置字段有效性规则和字段有效性文本。可以使用表达式验证大多数字段的输入，还可以指定在验证规则阻止输入时所显示的消息(即验证消息)。

2. 记录数据验证

在 Web 数据库中设置记录验证规则是用表达式限定字段和字段之间的相互约束关系，记录验证消息是指定在验证规则阻止输入时所显示的消息。

【例 9.5】 设置 Web 数据表"学生"的记录验证规则和消息。假设学生学号的头两位是学生的入学年份，设置学生的入学年龄应该大于 17 岁。

具体操作步骤如下：

(1) 在"Web 教学管理.accdb"中打开学生表。

(2) 单击"表格工具"选项卡中的"字段"选项，使用"字段验证"组中的"验证"命令按钮，在弹出的快捷菜单中选择"记录验证规则"命令，如图 9.11 所示。

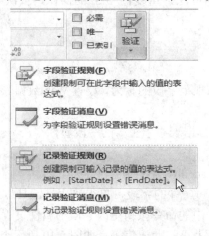

图 9.11　记录验证规则

(3) 选择"记录验证规则"菜单项，弹出"表达式生成器"对话框，编辑记录验证表达式为 CDbl(Left([学号],2))+2000-year([出生日期])>17。

(4) 在图 9.11 中选择"记录验证消息"命令，弹出"输入验证消息"对话框，在其中输入"学生的入学年龄应该大于 17 岁！"，如图 9.12 所示。

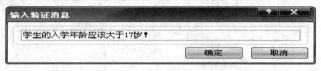

图 9.12　输入验证消息框

在 Web 数据库的实际使用过程中，一旦记录中的学号和出生日期不满足记录验证设置表达式要求时，将弹出该信息的对话框警示。例如，录入一条记录，学生学号是"1401108"，

出生日期是 #1999-4-5#，入校时间是 #2014-9-1#，系统马上弹出对话框报错，如图 9.13 所示。

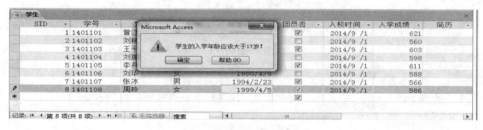

图 9.13　记录验证消息框

9.3　数据库的 Web 兼容性

Access2010 允许用户使用 Access Services 将数据库应用程序发布到 Web。但是，桌面数据库应用程序中可用的某些功能会与 Access Services Web 发布不兼容。在发布 Web 数据库之前，可以使用兼容性检查器来识别与 Access Services 不兼容的数据库功能。如果兼容性检查器发现问题，并记录在 "Web 兼容性问题" 表中，用户可以通过查看日志表内容来确定如何修复。

9.3.1　检查数据库的 Web 兼容性

【例 9.6】 检查 "Web 教学管理" 的 Web 兼容性。

具体操作步骤如下：

(1) 打开 "Web 教学管理.accdb"。

(2) 选择 "文件" 选项卡，单击 "保存并发布" 打开发布数据库的命令。再单击 "发布到 Access Services" 选项，单击屏幕右侧的 "运行兼容性检查器" 按钮，如图 9.14 所示。

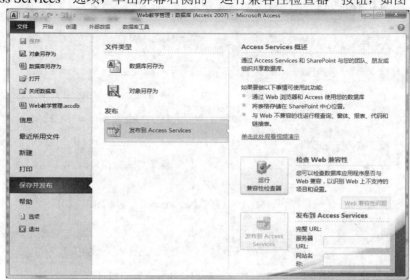

图 9.14　运行兼容性检查器

如果兼容性检查器没有发现任何问题，则在"运行兼容性检查器"按钮下方显示确认消息"数据库与 Web 兼容"，如图 9.15 所示。

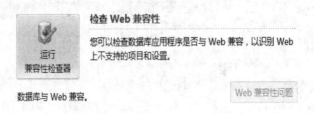

图 9.15 数据库与 Web 兼容

如果兼容性检查出问题，则会显示警告消息，并启用"Web 兼容性问题"按钮，如图 9.16 所示。

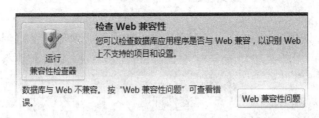

图 9.16 数据库与 Web 不兼容

在例 9.3 中已经列举了两种导致 Web 兼容性错误的事件，除此以外，还有很多问题都会导致数据库无法发布到 SharePoint 网站的 Access services 上，用户可参考系统帮助信息。

9.3.2 查看 Web 兼容性日志

兼容性检查器发现 Web 兼容性问题时，将问题记录在"Web 兼容性问题"日志表中。例如，将桌面数据库"教学管理"不加任何修改就进行 Web 兼容性检查，将产生兼容性问题日志表，如图 9.17 所示。

ID	元素类型	元素名称	控件类型	控件名称	属性名称	问题类型	问题类型 ID	说明
1	表	教师	表	教师		错误	ACCWeb107014	表格应具有主键，且主键应为以与 Web 兼容。
2	表	课程	表	课程		错误	ACCWeb107014	表格应具有主键，且主键应为以与 Web 兼容。
3	表	授课	TableColumn	授课ID		错误	ACCWeb107024	除主键外，任何其他字段均不
4	表	授课	表	授课		错误	ACCWeb107014	表格应具有主键，且主键应为以与 Web 兼容。
5	表	选课	表	选课		错误	ACCWeb107014	表格应具有主键，且主键应为以与 Web 兼容。
6	表	学生	TableColumn	照片		错误	ACCWeb107000	列数据类型与 Web 不兼容。
7	表	学生	表	学生		错误	ACCWeb107014	表格应具有主键，且主键应为以与 Web 兼容。
*	(新建)							

图 9.17 "教学管理"数据库的兼容性问题日志

9.4　发布 Web 数据库与同步 Web 数据库

发布 Web 数据库时，Access Services 将创建包含此数据库的 SharePoint 站点。所有数据库对象和数据均移至该站点中的 SharePoint 列表。数据库发布之后，SharePoint 访问者可以根据其对 SharePoint 网站的权限来使用数据库，这些权限包括完全控制、参与讨论和读取。

9.4.1　发布 Web 数据库

【例 9.7】　发布 Web 数据库"Web 教学管理"。

具体操作步骤如下：

(1) 打开 Web 数据库"Web 教学管理.accdb"。

(2) 选择"文件"选项卡，单击"保存并发布"选项，选择"发布到 Access Services"按钮，如图 9.18 所示。

(3) 在右侧的"服务器 URL"文本框中，键入要发布数据库的 SharePoint 服务器的网址，如 http://teaching/。在"网站名称"框中键入 Web 数据库的名称，此名称将附加在服务器 URL 后面，以生成应用程序的 URL。

例如，如果"服务器 URL"为"teaching/"，"网站名称"为"WebTeachingServices"，那么完整的 URL 为"http://teaching/WebTeachingServices"，如图 9.18 所示。

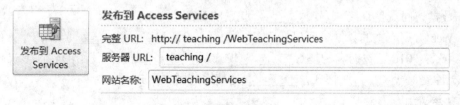

图 9.18　填写发布信息

(4) 单击"发布到 Access Services"按钮完成发布。

9.4.2　同步 Web 数据库

对已发布的 Web 数据库进行同步处理有两种情况：一种是 Web 数据库发布后，在 Access2010 中打开 Web 数据库，修改设计后，再将改动保存到 SharePoint 网站；另一种是将 Web 数据库脱机，使用脱机版本的数据库，然后在联机后将所做的数据和设计更改保存到 SharePoint 网站。

在完成设计更改或将数据库脱机后，用户最终需要同步。同步可弥补计算机上的数据库文件与 SharePoint 网站上的数据库文件之间的差异。具体操作步骤是：

(1) 在 Access 中打开 Web 数据库并做设计更改。

(2) 单击"文件"选项卡，然后单击"全部同步"按钮。

本 章 小 结

本章介绍了使用 Access2010 创建和发布 Web 数据库的过程。通过创建和发布 Web 数据库，可以增强管理数据的能力，从而更轻松地跟踪、报告和与他人共享数据。

习　题

一、选择题

1. 在 Access2010 数据库中数据的共享方法是(　　)。

A. 拆分数据库　　　　　　　　B. 网络文件夹

C. SharePoint 网站　　　　　　D. 以上都可以

2. Web 数据访问要解决的主要问题就是(　　)。

A. 查询　　　　　　　　　　　B. 保护

C. 管理　　　　　　　　　　　D. 数据库的共享

3. SharePoint 是 Office 系列的一个(　　)。

A. 开发平台　　　　　　　　　B. 成员

C. 对象　　　　　　　　　　　D. 以上都不是

二、填空题

1. 数据访问页是直接与_____联系的 Web 页。

2. Web 数据库中的数据验证包括_____验证和_____验证两个方面。

3. Access2010 空数据库是基于_____模式，_____是我们使用的软件形式；空白 web 数据库是基于_____模式，_____是使用的网页形式。

三、简答题

1. 什么是 Web 数据库?

2. SharePoint 是什么?

第10章　教学管理系统实例

问题：

　1. 如何创建和设计模块？
　2. 怎样实现管理系统的集成？

　　前面我们讨论了 Access 数据库管理系统的特点、功能以及相关的概念。例如，如何建立和管理表，如何创建和使用查询，如何设计和应用窗体，以及如何应用宏和 VBA 等内容。学习这些操作的目的是开发和创建数据库应用系统，以真正实现数据的有效管理和应用。本章将简单介绍数据库应用系统的开发理论和方法。

10.1　系统分析和设计

10.1.1　背景概述

　　某学校教学管理一直采用手工管理方式。建校以来，这种管理方式已经为广大师生所接受，但随着信息时代的到来，人们对信息的需求越来越大，对信息处理的要求也越来越高，手工管理的弊端日益显露出来。由于管理方式的落后，处理数据的能力有限，工作效率低，不能及时为领导和教师提供所需信息，各种数据得不到充分利用，造成了数据的极大浪费。解决这些问题最好的办法是实现教学管理的自动化，用计算机处理来代替手工管理。利用计算机中最为友好、最为方便的 Windows 界面进入系统，使用鼠标、键盘轻松地完成数据的录入、浏览、查询和统计等操作。

10.1.2　功能分析

　　教学管理系统是一个简单的数据库应用系统，它所实现的功能包括：

1. 学生管理

管理学生的基本资料和成绩，可以浏览、增加、修改和删除学生资料信息和成绩信息。

2. 教师管理

管理教师的基本信息以及教师的授课信息，可以浏览、增加、修改和删除教师信息和授课信息。

3. 课程管理

管理课程信息录入、学生选课信息录入以及学生选课信息查询。

　　在设计该系统时，将综合运用 Access 数据库所提供的基本向导、设计视图、多种控件以及切换面板管理器等，介绍快速创建数据库应用系统的一般步骤和系统集成方法。总之，该实例汇集了 Access 开发简单应用系统的基本方法，具有较强的示范功能。

10.1.3 模块的设计

根据上述的分析，将系统的主要功能分解成三个模块，基本设计结构如图 10.1 所示。

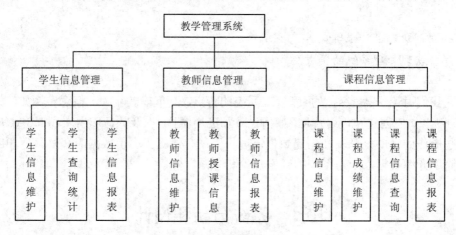

图 10.1 系统功能模块

10.2 数据库设计

使用 Access 数据库管理系统建立应用系统，首先需要创建一个数据库，然后在该数据库中添加所需的表、查询、窗体、报表、宏等对象。

10.2.1 数据库的创建

首先创建"教学管理系统"数据库，然后进行表的设计。具体操作步骤如下：

(1) 在 D 盘根目录下创建名称为"教学管理"的文件夹。

(2) 启动 Microsoft Access2010，出现"Microsoft Access2010"启动窗口。

(3) 在"文件"选项卡的"新建"任务窗格中单击"空数据库"。在右侧窗格的文件名文本框中，将默认的文件名"Database2.accdb"修改为"教学管理系统"，并将路径修改为"D:\教学管理"。

(4) 单击"创建"按钮，完成空数据库的创建。

10.2.2 数据表的逻辑结构设计

根据上述的分析，本系统应该包括教师、课程、授课、选课、学生五个表。各表的逻辑结构设计如下：教师表的逻辑结构设计如表 10.1 所示，课程表的逻辑结构设计如表 10.2 所示，授课表的逻辑结构设计如表 10.3 所示，选课表的逻辑结构设计如表 10.4，学生表的逻辑结构设计如表 10.5 所示。

表 10.1　教师表的逻辑结构

字段名	字段类型	格式	索引否	说　明
教师编号	文本	标准	有	教师的编号
姓名	文本	标准	无	教师的姓名
性别	文本	标准	无	教师的性别
职称	文本	标准	无	教师的职称
联系电话	文本	标准	无	教师的联系电话

表 10.2　课程表的逻辑结构

字段名	字段类型	格式	索引否	说　明
课程编号	文本	标准	有	课程的编号
课程名称	文本	标准	无	课程的名称
学时	数字	标准	无	课程对应的学时数
学分	数字	标准	无	课程对应的学分
课程性质	文本	标准	无	课程的性质可以是"必修"、"选修"

表 10.3　授课表的逻辑结构

字段名	字段类型	格式	索引否	说　明
授课 ID	自动编号	标准	有	授课的编号
课程编号	文本	标准	无	课程的编号
教师编号	文本	标准	无	教师的编号

表 10.4　选课表的逻辑结构

字段名	字段类型	格式	索引否	说　明
选课 ID	自动编号	标准	有	选课的编号
学号	文本	标准	无	学生的编号
课程编号	文本	标准	无	课程的编号
成绩	数字	标准	无	某门课的成绩

表 10.5　学生表的逻辑结构

字段名	字段类型	格式	索引否	说　明
学号	文本	标准	有	学生的编号
姓名	文本	标准	无	学生的姓名
性别	文本	标准	无	学生的性别
出生日期	日期/时间	标准	无	学生的出生日期
团员否	是/否	标准	无	学生的政治面貌

字段名	字段类型	格式	索引否	说　　明
入学时间	日期/时间	标准	无	学生的入学时间
入学成绩	数字	标准	无	学生的入学成绩
简历	备注	标准	无	学生的简历
照片	OLE 对象	标准	无	学生的照片

创建好的数据库和表如图 10.2 所示。

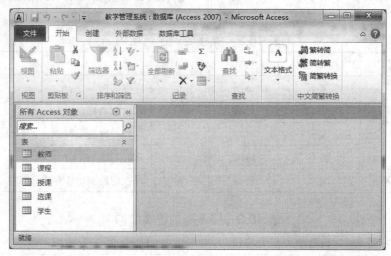

图 10.2　教学管理数据库

10.2.3　创建表间关系

(1) 选择功能区的"数据库工具"选项卡，单击"关系"组中的"关系"按钮，弹出如图 10.3 所示"关系"窗口和"显示表"对话框。

图 10.3　"关系"窗口和"显示表"对话框

(2) 在"显示表"对话框中，单击"教师"表，然后单击"添加"按钮，接着使用同样方法将"课程"、"授课"、"选课"和"学生"等表添加到"关系"窗口中。单击"关闭"

按钮，关闭"显示表"窗口，屏幕显示如图 10.4 所示。

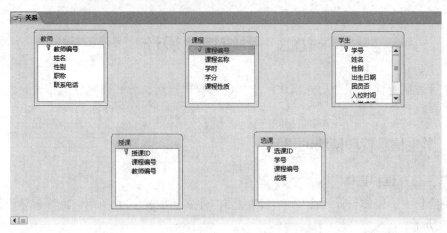

图 10.4　"关系"窗口

(3) 用鼠标选中"课程"表字段列表中的"课程编号"字段，按住鼠标左键将其拖动到"选课"表中的"课程编号"字段，然后放开鼠标左键，这时会出现"编辑关系"对话框，如图 10.5 所示。

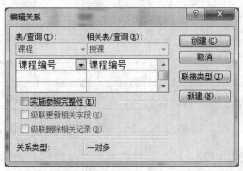

图 10.5　"编辑关系"对话框

(4) 单击"创建"按钮，两个表间就建立了一个联系。

(5) 用同样的方法创建其他表间的关系，结果如图 10.6 所示。

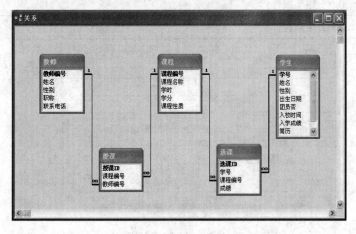

图 10.6　建立关系结果

(6) 单击"关闭"按钮 ✕，这时 Access 询问是否保存布局的更改，单击"是"按钮。

10.3   系统模块设计

教学管理系统含有 3 个功能模块：学生信息管理模块、教师信息管理模块、课程信息管理模块。

10.3.1   学生信息管理模块的设计

1. 学生信息维护窗体

学生信息维护窗体设计视图中包含的主要控件属性如表 10.6 所示。最终窗体设计视图如图 10.7 所示。

表 10.6   学生信息维护窗体属性值

对象名称	属性名称	属性值
标签 0(标签控件)	标题	学生信息
Cmd24(按钮控件)	标题	前一记录
	单击	[事件过程]
Cmd25(按钮控件)	标题	后一记录
	单击	[事件过程]
Cmd26(按钮控件)	标题	添加记录
	单击	[事件过程]
Cmd27(按钮控件)	标题	保存记录
	单击	[事件过程]
Cmd28(按钮控件)	标题	退出
	单击	[事件过程]
Box1(矩形控件)		
Box2(矩形控件)		

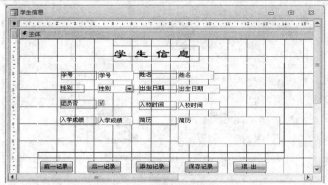

图 10.7   学生信息维护

2. 学生信息查询

(1) 学生信息查询设计。

首先用查询设计视图设计一个"按学号查找"查询。设计步骤如下：

① 在"教学管理系统"数据库中，单击"创建"选项卡，在"查询"组中选择"查询设计"按钮，打开"查询设计视图"窗口，并显示一个"显示表"对话框，如图 10.8 所示。

图 10.8 查询设计视图

② 在"显示表"对话框中单击"表"选项卡，选择"学生"表项，然后单击"添加"按钮，单击"关闭"按钮，将"显示表"对话框关闭，结果如图 10.9 所示。

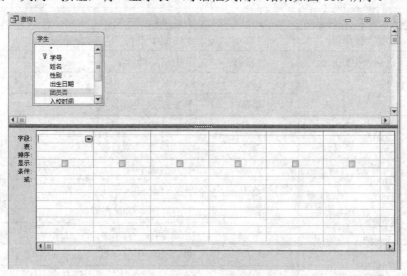

图 10.9 添加表

③ 首先双击"学生"字段列表中的"*"号，将所有字段添加到查询设计窗口中。再添加"学号"字段，但是"显示"栏中设置为不显示，然后在对应"条件"栏中输入"[请输入学号]"，如图 10.10 所示。

④ 单击工具栏"保存"按钮，在弹出的"保存"窗口中命名该查询为"按学号查找"。

采用以上相同方法，再设计 10 个查询，分别是按姓名查、按入学成绩查、不及格学生信息查、90 分以上信息查、低于平均分查、学生人数、男女人数、班平均分、每门课平均分、学生平均分。

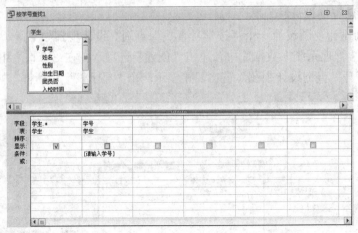

图 10.10　添加字段设置条件

(2) 窗体设计。

在"学生信息查询统计"窗体的设计视图中包含一个标签控件、一个选项卡控件、3 个列表框控件和 11 个按钮控件，其中的主要控件属性如表 10.7 所示。

表 10.7　"学生信息查询统计"窗体属性值

对　象　名　称	属性名称	属　性　值
标签 0(标签控件)	标题	学生信息查询统计
列表 2(列表控件)	行来源	学生信息查询
列表 8(列表控件)	行来源	学生成绩查询
列表 10(列表控件)	行来源	学生信息统计
Cmd4	标题	按姓名查
Cmd4	单击	学生查询.按姓名查
Cmd5	标题	按学号查
Cmd5	单击	学生查询.按学号查
Cmd6	标题	按入学成绩查
Cmd6	单击	学生查询.按入学成绩查
Cmd7	标题	不及格学生信息查
Cmd7	单击	学生查询.不及格学生信息查
Cmd8	标题	90 以上学生信息查
Cmd8	单击	学生查询.90 以上学生信息查
Cmd9	标题	查平均分低于平均分学生
Cmd9	单击	学生查询.低于平均分学生查
Cmd10	标题	学生人数统计
Cmd10	单击	学生信息统计.学生人数
Cmd11	标题	男女人数统计
Cmd11	单击	学生信息统计.男女人数

续表

对 象 名 称	属性名称	属 性 值
Cmd12	标题	班平均分
	单击	学生信息统计.班平均分
Cmd13	标题	每门课平均分
	单击	学生信息统计.每门课平均分
Cmd14	标题	退出
	单击	[事件过程]

最终的设计视图如图 10.11 所示。

图 10.11　学生信息查询统计

(3) 宏设计。

在图 10.11 中，当单击"按姓名查"按钮时，需要弹出查询的结果，这里要使用宏来完成这一操作。具体设计步骤如下：

① 在"教学管理"数据库窗口中，单击"创建"选项卡，在"宏与代码"选项组中单击"宏"按钮，弹出如图 10.12 所示的宏设计图。

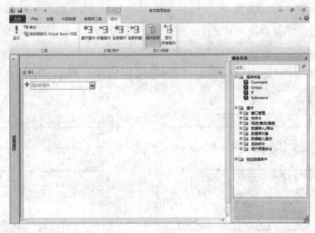

图 10.12　宏设计

② 在"添加新操作"下拉列表框中，选择宏操作命令 OpenQuery；弹出宏操作参数设置对话框，可以设置宏命令的查询名称、视图和数据模式，结果如图 10.13 所示。当没有设定操作时不会显示操作参数设置区域。

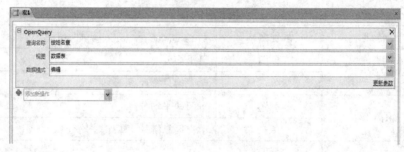

图 10.13   添加"宏命令"的设计视图

这里设置学生信息查询和学生信息统计两个宏组，其中学生信息查询宏组包含 6 个子宏，学生信息统计宏组包含 5 个子宏。宏的最终设计视图如图 10.14 和图 10.15 所示。

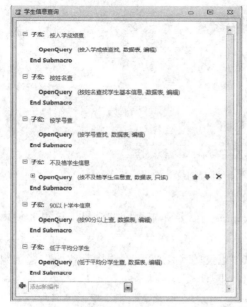

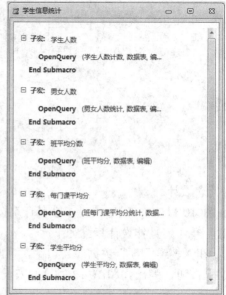

图 10.14   "学生信息查询"宏设计视图   图 10.15   "学生信息统计"宏设计视图

(4) 报表设计。

"学生信息"报表如图 10.16 所示，"学生课程成绩"报表如图 10.17 所示。

图 10.16   "学生信息"报表   图 10.17   "学生课程成绩"报表

10.3.2　教师信息管理模块设计

1. 教师信息维护窗体

教师信息维护窗体设计视图中包含的主要控件属性如表 10.8 所示，最终视图如图 10.18 所示。

表 10.8　教师信息维护窗体属性值

对 象 名 称	属性名称	属 性 值
标签 0(标签控件)	标题	教师信息
Cmd24(按钮控件)	标题	前一记录
	单击	[事件过程]
Cmd25(按钮控件)	标题	后一记录
	单击	[事件过程]
Cmd26(按钮控件)	标题	添加记录
	单击	[事件过程]
Cmd27(按钮控件)	标题	保存记录
	单击	[事件过程]
Cmd28(按钮控件)	标题	退出
	单击	[事件过程]

图 10.18　"教师信息维护"设计窗体

窗体中各个功能按钮的事件过程代码，可以参照学生信息维护窗体代码。

2. 教师授课信息查询

教师授课信息查询包括：按姓名查、按编号查、按职称查。教师授课信息查询窗体最终设计视图如图 10.19 所示。

设计完查询和窗体视图后，需要设计宏来分别执行上面的查询，宏的最终设计视图如图 10.20 所示。

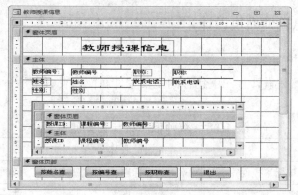

图 10.19　"教师授课信息"设计窗体

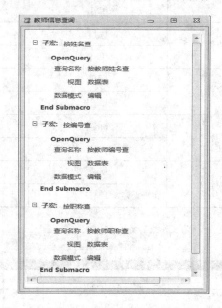

图 10.20　"教师信息查询：宏"设计视图

3. 教师信息报表

"教师信息"报表和"教师授课"报表分别如图 10.21 和图 10.22 所示。

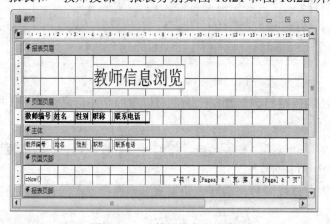

图 10.21　"教师信息"报表

图 10.22 "教师授课"报表

10.3.3 课程信息管理模块设计

1. 学生成绩维护窗体的课程信息录入窗体

学生成绩维护窗体主要用于添加新的学生成绩信息，在该窗体的设计视图中包含 4 个标签控件、3 个文本框控件和 3 个按钮控件，最终设计视图如图 10.23 所示。课程信息录入窗体主要用于添加新的学生选课信息，在该窗体的设计视图中包含 5 个标签控件、4 个文本框控件和 3 个按钮控件，最终设计视图如图 10.24 所示。

图 10.23 "学生成绩维护"窗体

图 10.24 "课程信息录入"窗体

2. 课程查询

课程查询包括按课程名查、**按课程性质查**、按课程学分查、按学号查、按学时查。在设计"课程信息查询"窗体之前，需要先设计上面提到的这些查询。

在"课程信息查询"窗体设计视图中包含 1 个标签控件、1 个选项卡控件、2 个列表框控件和 7 个按钮控件，最终设计视图如图 10.25 和图 10.26 所示。

图 10.25　课程信息查询 1

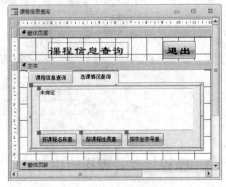

图 10.26　课程信息查询 2

3. 宏设计

设计完查询和窗体后，需要设计宏来分别执行上面的查询，宏的最终设计视图如图 10.27 所示。

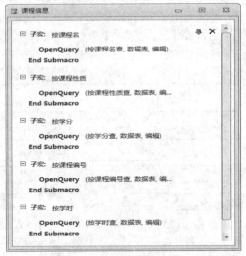

图 10.27　"课程信息"宏设计视图

10.4　教学管理系统的集成

当按照系统开发步骤完成了"教学管理系统"中所有功能的设计后，需要将它们组合在一起，形成最终的应用系统，以供用户方便地使用。为成功完成应用系统的集成，要做好集成前的准备工作。首先检查系统各对象是否创建并能正确运行，然后选择系统集成方法。

Access 提供了切换面板管理器工具，用户通过使用该工具可以方便地将已完成的各项功能集合起来，本系统选择此工具来创建应用系统。具体步骤如下。

1. 启动切换面板

(1) 单击"文件"选项卡中的"选项"命令，打开"Access 选项"窗口，选择"自定义功能区"选项进行设置，将"切换面板管理器"命令加入到"数据库工具"选项卡中。"自定义功能区"设置如图 10.28 所示，加入"切换面板管理器"后的"数据库工具"选项组如图 10.29 所示。

图 10.28 "自定义功能区"设置

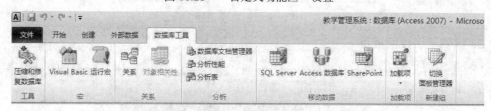

图 10.29 设置后的"数据库工具"选项卡

(2) 单击"数据库工具"选卡中的"切换面板管理器"命令，系统弹出如图 10.30 所示的提示窗口。

图 10.30 提示窗口

(3) 单击"是"按钮，弹出如图 10.31 所示"切换面板管理器"对话框。

图 10.31　"切换面板管理器"对话框 1

2. 创建系统新的切换面板页

(1) 在"切换面板管理器"对话框中单击"新建"按钮，弹出"新建"对话框。

(2) 在"新建"对话框中的"切换面板页"文本框中输入新的切换面板页名称"学生管理"，然后单击"确定"按钮。这时在"切换面板页"列表框中就出现一个名为"学生管理"的切换面板页。

(3) 按照同样方法创建"教师管理"、"选课管理"，创建后的"切换面板管理器"对话框 2 如图 10.32 所示。

图 10.32　"切换面板页管理器"对话框 2

3. 编辑子切换面板页

(1) 单击"切换面板页"列表中的"教师管理"项，然后单击"编辑"按钮，这时屏幕上弹出"编辑切换面板页"对话框，如图 10.33 所示。

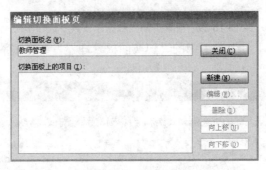

图 10.33　编辑切换面板页

(2) 单击"新建"按钮，弹出"编辑切换面板项目"对话框，在"文本"对话框中输入"教师信息维护"，在"命令"下拉列表框中选择"在'编辑'模式下打开窗体"，在"窗体"下拉列表框中选择"教师信息"，如图 10.34 所示。

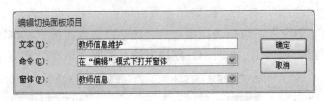

图 10.34　编辑切换面板项目

(3) 单击"确定"按钮。这样就创建了一个打开"教师信息维护"切换面板项，如图 10.35 所示。

图 10.35　编辑教师管理

(4) 使用同样的方法，在"教师管理"切换面板中加入"教师授课信息"、"教师信息浏览"、"返回"的切换面板项，它们分别用来打开对应的窗体。

(5) 使用同样的方法，给"学生管理"和"课程管理"面板页加入对应切换面板项，如图 10.36 和图 10.37 所示。

图 10.36　编辑学生管理

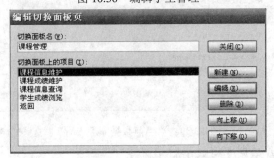

图 10.37　编辑课程管理

4. 编辑主切换面板

(1) 单击"切换面板页"列表中的"教师管理"项，然后单击"编辑"按钮，这时屏幕上弹出"编辑切换面板页"对话框，如图 10.33 所示。

(2) 单击"新建"按钮，弹出"编辑切换面板项目"对话框，在"文本"对话框中输入"学生管理"，在"命令"下拉列表框中选择"转至'切换面板'"，在切换面板下拉列表框中选择"学生管理"，如图 10.38 所示。同样方法，编辑"课程管理"切换面板项目。

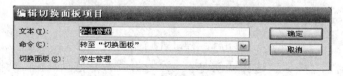

图 10.38　设置学生管理

(3) 最后在默认切换面板上建立一个"退出数据库"切换面板项，退出应用程序。

(4) 单击"关闭"按钮，关闭"切换面板管理器"对话框。

5. 在"Access 选项"中启动窗体

(1) 为了便于用户使用该系统，可以将 Access 的启动窗体设为该主切换面板。在已打开的教学管理数据库中，单击"文件"选项卡中的"选项"命令，弹出"Access 选项"窗口，选择"当前数据库"，如图 10.39 所示。在"应用程序选项"中，"应用程序标题"项为"教学管理系统"，"显示窗体"项为"切换面板"，其余按照默认的选项即可，单击"确定"按钮完成设置。

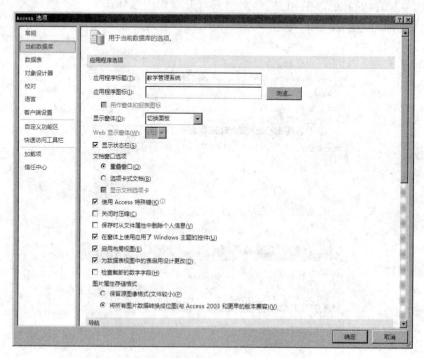

图 10.39　"当前数据库"设置

(2) 关闭并重新打开数据库将显示启动窗体。

至此，该教学管理系统就设计完毕了。

本 章 小 结

通过前面十章的学习和实践，作为贯穿本书始终的数据库应用系统开发实例，"教学管理系统"中的各个数据库对象都已经完成。本章归纳了各个主要数据库对象的设计模块，介绍了"教学管理系统"数据库系统集成的方法，最终完成了这个小型数据库管理系统的全面设计工作。

习　题

一、选择题

1. 若将"系统界面"窗体作为系统的启动窗体，应在(　　)对话框中进行设置。

A. Access 选项　　　　B. 启动　　　C. 打开　　　D. 设置

2. 在"Access 选项"中启动窗体应选择的命令是(　　)。

A. "文件"→"选项"→"当前数据库"

B. "工具"→"选项"→"启动"

C. "工具"→"启动"

D. "工具"→"加载"→"启动"

二、设计题

"图书管理系统"数据库是一个要满足用户对图书进行管理工作的数据库，它应该包括书籍的入库，数据信息查询，书籍借阅情况查询等基本功能。

(1) 图书基本信息表。图书信息包括图书编号，书号，书名，作者，出版社，定价，库存量，入库时间。

(2) 读者基本信息。读者信息包括借书证编号，姓名，性别，单位，借书数量。

(3) 借书基本信息。借书信息包括借书证号码，图书编号，借出日期，应还日前，过期天数。

根据此描述，设计一个"图书管理系统"。

参 考 文 献

[1] 冯寿鹏. 数据库技术与应用. 西安：西安电子科技大学出版社，2011.

[2] 高裴裴，张健，程茜. Access 2010 数据库技术与程序设计. 天津：南开大学出版社，2014.

[3] 张婷，余健. Access2007 课程设计案例精编. 北京：清华大学出版社，2008.

[4] 史令，赵敏. 数据库技术与应用. 北京：清华大学出版社，2009.

[5] 张欣. Access 数据库基础案例教程. 北京：清华大学出版社，2010.

[6] 杨国清，谢勤贤. Access 数据库应用基础. 北京：清华大学出版社，2009.

[7] [美] Jennings R. Access 2007 应用大全. 北京：人民邮电出版社，2009.

[8] 肖慎勇，杨博，数据库及其应用：Access 及 Excel. 北京：清华大学出版社，2009.

[9] 李雁翎. Access 基础与应用. 北京：清华大学出版社，2008.

[10] 崔洪芳. Access 数据库应用技术实验教程. 北京：清华大学出版社，2010.

[11] 杨昕红. 数据库基础. 北京：电子工业出版社，2009.

[12] 李宝敏. 管理信息与数据库技术. 北京：国防工业出版社，2014.

[13] 高裴裴，张健，程茜. Access 2010 数据库技术与程序设计上机实习指导. 天津：南开大学出版社，2014.

[14] 教育部考试中心. 全国计算机等级考试二级教程. 北京：高等教育出版社，2010.

[15] 卢湘鸿，李吉梅，何胜利. Access 数据库技术应用. 北京：清华大学出版社，2007.

[16] 陈笑，张华铎. Access 数据库技术应用与应用简明教程. 北京：清华大学出版社，2006.

[17] 史令，史济民. 数据库技术与应用. 北京：清华大学出版社，2008.